让全世界都看见你

〔美〕亚历山德拉·列维特（Alexandra Levit）著 付文博 译

Wuhan University Press
武汉大学出版社

目 录
CONTENTS

INTRODUCTION／引言

我 在 纽 约 的 那 段 日 子

当我大学毕业后，我打定了主意要去纽约闯荡一番。美国有一句谚语：如果你能在纽约混下去，你就能在世界上的任何地方混下去。对此，我深信不疑。

我对自己充满信心，从小到大，我都是出类拔萃的，每天挑灯夜读，门门功课优秀，所以我坚信，就算在这个世界上最令人敬畏的城市，我也能混出个样子，一定会出人头地。

一切都还算顺利，即使没有任何的相关经验，但我还是进入了一家全球顶级的公关公司，我相信，我最难的时刻已经过去了。

万事大吉，我将多余的简历扔进了垃圾桶，然后开始期待第一个月的工资赶紧到手，好让我支付房租，当然，也只够支付房租。不过没关系，我一想到很快就要到全世界各地进行商务旅行，要与世界各地的精英人士展开令人兴奋的头脑风暴，每个星期五还可以和同事们来个通宵……我的内心就激动不已：纽约，我来了！

白驹过隙，一晃三年过去了，如今再听到"出差"这两个字，我就无比反感，我也从没和同事在星期五的晚上玩个通宵——一到周五，我就只想倒在沙发上睡觉……还有，我的一位上司对我无比嫉恨，好像我杀了他全家一样。在公司这个最低级的岗位上我待了一年半，而那些智商只有我一半、工作完全不如我努力的家伙们反而平步青云。

为什么会这样？

我到处请教职业顾问，去书店买回来一堆又一堆的励志书籍，收藏夹里加了一大堆人力资源网站，我梦想着在不久的将来我能找到梦寐以求的工作，让自己有动力在每天早上爬起来重进办公室，然后充满激情地大干一天。

三年之内，我换了四次工作，我一直坚信，下一份工作会更好……

我的一位好朋友在花旗银行做理财顾问，他给我列了一份退休金计划，根据他的说法，只要我工作到65岁，就会成为亿万富翁，但前提是我必须成为CEO或高级副总裁。

遥不可及。

梦想遭遇坎坷，我不得不面对现实，根据现在的情况，我能保住眼下的工作就已经很好了。

那段时间，每天一下班我就躲进酒吧，玩玩飞镖，和狐朋狗友吹吹牛，或者叼着雪茄吞云吐雾。

日子一天天过去了，我逢人就抱怨，怎么我的上司都是白痴呢，他们怎么就没发现我的才能呢？看来花了那么多钱接受高等教育真的是白费了，公司里的那台破打印机总是出故障，我待在打印机前的时间都比在座位上的时间多。

我问老妈为什么会这样，她告诉我："生活本身就是不公平的……人生就像巧克力，你永远不知道下一刻会发生什么！"我问老爸，他告诉我，他原以为我会成为列维特家族中第一个能在事业上混出个名堂的家伙，但是现在看来似乎不可能了。

我的老同学建议我去读法学院。这个建议听上去很不错，为什么不去呢？我喜欢在学校里待着，只要我努力学习，功课优秀，所有的人都会高兴。但是公司却不是这样，在我看来，办公室就是为流氓政客准备的，一群无聊的人每天钩心斗角，争权夺利，像我这种受过高等教育的人在这里简直是浪费生命……

突然之间，在学校中学到的那些成功法则似乎都失效了，因为在一个公司中，一个人是否升职与他的智商、努力没有丝毫关系，换句话说，纵使你是一个聪明又勤奋的人，你不见得会被升职、加薪。

就这样，三年过去了，我逐渐明白了一些老师没有教过的职场潜规则，我经历了迷失，对周围的一切不知所措，就像自己来到了一个陌生星球一样。

可能你会问："你是怎么过来的？"

嗯，后来，我发现"天下乌鸦一般黑"，无论走到哪里，情况都是一样的。只要我还是原来的我，只要我的心态和观念没有改变，那么无论走到哪里结果都一样。最终，我明白了：我若不改变自己的心态和理念，那么我就只能一次次重蹈覆辙。于是，我停止了跳槽，开始思考怎样让自己变得更好。我将自己放置在显微镜下，剖析自己在过去的那些公司中的表现，一段时间后，我开始掌握了与人交际的技巧，我变得更圆融，更主动，更懂得如何与人合作，并开始建立我的人脉圈，还学会了有效管理自己的时间，调整自己的心态，平衡自己的工作和生活。终于，我打败了自己的消极心态，战胜了那些曾经让我的生活一塌糊涂的东西。就这样，在30岁之前，我得到了4次升职，终于，办公室成为了我的乐园。

这些年，和许多年轻人接触下来，我发现，大家都是一样的。现在，年轻人要比父辈们有更多的职业选择，但是经济动荡也让他们面临更大的压力，每个人的职场中都充满着各种不安因素。如今，全世界的年轻人都面临着越来越大的竞争和压力，他们的解决办法就是跳槽。最近，美国劳工部的一项数据表明，18到32岁之间的美国人平均做过8.6份工作，而且他们在每份工作上坚持的时间也越来越短：1983年为2.2年，如今是1.1年。

无论这个世界如何变化，你的命运掌握在自己手中。你可以花上几十万元，进入法学院或者商学院，再逃避个三四年，然后再开始反击，开启自己辉煌的职业生涯。虽然这听上去很难，但是你必须换种心态看待你的学历。大学学位只是一张镀了金边的纸，唯一的作用就是帮你赢得面试的机会，更好一点的是帮你直接从校园降落到办公室。但是要想在职场上获得进一步的发展，你就要像大一新生那样，一切从头开始。公司是个新世界，充满了无数可能和机遇，你要时刻准备好应对各种挑战。

现在，商业环境越来越激烈，学校不是你永远的避风港。这是我写作此书的最终目的。在书中，我会和大家分享我自己的那些成功心得，希望这些经验能够对刚刚走入职场的你提供帮助，同时，对于已经工作了一段时间的那些人来说，我希望你能够明白，你还有机会改变自己的人生。

该如何利用这本书呢？我的建议是一边读书，一边做笔记，记录下那些能够让你产生共鸣的东西，然后将这些内容贴在显而易见的地方，时刻提醒自己。书中的某些建议听上去似乎是老生常谈，但是，你未必做得到。如果你觉得做出改变太困难，那你不妨想想，你这一生要在办公室中待多久？假设，你从22岁开始工作，65岁退休，每年工作235天，这就意味着，你这一生中有8万个小时是在办公室中度过的，既然如此，你为什么不好好享受这8万多个小时呢？

在你阅读这本书之前，我还要强调一点：本书中谈到的这些策略都是"最佳策略"，换句话说，这些策略都是一种理想的应对方案。当你遇到问题的时候，你可以将这些策略当作指导、建议，但是不要被这些策略框死。每个人都不是完美的，都有自己的缺点，即使把《圣经》读到熟烂，你也不可能将自己变成一个完人，所以对自己一定不要太狠。最好的办法是先通读一遍，挑出那些对你有用的建议。我相信，即使书中的建议只有几条对你有用，那么也足以改变你的职业生涯。如此，本人的写作目的已经达到了。

CHAPTER 1 定位你自己

无论你是刚走出校园的愣头青，还是已经在职场混了很多年的老油条，现如今，想要找到一份理想的工作都不是轻而易举的。首先，你要弄明白自己想做的是什么，然后你还要想办法给自己找个新老板。幸运的是，任何事情都有诀窍，找工作也一样。在这里，我将告诉你如何准确地定位自己，如何选择工作，以及如何与关键人建立联系，如何准备面试资料，面试时该如何表现，等等。而且，我还会告诉你如何处理工资的问题，为自己争取尽可能高的薪酬。

从0开始

对于我来说，从学校走进办公室这一过程就是一次凤凰涅槃。大四的那一年，我心中充满了不安，我就像是一个即将离开母亲的孩子，惶惶不可终日。我害怕自己找不到工作，我担心我不得不回到家里，然后和父母住在一起。因此，我每一天都待在学校的就业指导中心，详细查看每一则招聘启事。

我必须尽快找到一份工作！不管是什么工作，不管我是否喜欢，这都不是什么问题，毕竟，这只是我的第一份工作，我还年轻，我才22岁，我并不知道未来会怎样。

记得亚力山德拉·罗宾斯（Alexandra Robbins）和阿比·维尔纳（Abby Wilner）在《1/4人生危机：二十多岁时你会遇到的人生挑战》（*Quarterlife Crisis: The Unique Challenges of Life in Your Twenties*）中曾经写到：1/4人生危机，指的就是"人生的变

数和选择所带来的巨大的不稳定，自我怀疑，以及令人痛苦的无助感"。

我对自己说：既然终究会改变想法，现在去探索人生意义有什么作用呢？此种心态，幼稚至极，原因如下：

1. 没有人喜欢三心二意的人，对于自己的员工，都希望他们能干到退休的那一刻。

2. 频繁地换工作本身就是一件劳心伤神的事情。想要适应一个岗位，你需要接受大量的培训，需要长时间的磨合。并且，新人的薪酬往往不会太高，试想，如果你有一个家庭，你如何用每月3000元的薪水维持日常开销？

3. 二十几岁是为未来打基础的最佳时刻。在你年轻的时候，你要努力提升自己，让自己变得越来越值钱。

那么，你的第一份工作为什么不是一份理想中的工作呢？

当然，请不要误会我的意思，我并不是让你从一开始就听从内心的呼唤，而且很多时候，你也不可能一毕业就确定自己10年或20年后想做什么。有一些未来学家甚至预言，当下的年轻人未来会从事一些现在还没有出现的职业。因此，在当下，你无法给自己制订一份终身不变的职业规划。另外，还有一种可能，现在你很喜欢一份职业，但是过了一段时间，你却无比厌恶它。

尽管如此，在你进入社会之前，你还是要给自己做一次全面的自我评估。我确信，只有这样，你才能在第一份工作中学到一些让你终身受益的工作技能。

自我评估

第一步，你要将自己当成一张白纸，这说起来容易，做起来很难，毕竟你认识的人，尤其是你的父母一直在告诉你该做什么，该怎么做。然后，你要忘记自己大学的专业，你千万不要因为自己大学里学的是经济学，就认为自己应该做个金融顾问。实际上，就算你学的是商业管理，你也不见得能当好主管。既然如此，为什么还要在意自己的专业呢？

第二步，列出你所掌握的技能清单，就是那些你比其他大多数人都做得好的事情。你的清单可以宽泛，如"有良好的沟通能力"，也可以列得具体一些，如"善于在众人面前做演示"。现在，你需要回答以下几个问题。让我们开始一次简单的自我评估：

➡ 你的价值观是什么？

➡ 有那么一件事情，你愿意每天奔波几个小时辛苦去做，甚至即使不拿报酬，你也愿意做，这件事情是什么？

　　➜ 你想如何工作？你在什么情况下工作效率是最高的？

　　➜ 你如何定义成功？你工作的动力是什么？

　　➜ 10年后，你希望自己在做什么？

　　通过回答这几个问题，你就能够制定一张史蒂芬·柯维（Stephen Covey）在《高效能人士的七个习惯》一书中提到的所谓的"个人使命陈述"。

　　柯维认为，个人使命陈述要能够解决两个问题：

1. 在事业上你希望取得怎样的成就。
2. 人生中你希望自己成为怎样的人。

　　只要你明确知道自己想要的是什么，希望自己成为什么样的人，你就能够更有目的地运用自己的精力和能量。所以，个人使命陈述和技能清单可以当作是你选择职业的最基本的指南。

　　现在，你可以打开网页，搜索一下哪些职业与你的技能、兴趣、个人使命相符合。列出所有适合的职业清单，你可以通过学校的职业中心，找到从事这些职业的学长，他们能够更好地帮你了解你所感兴趣的职业。

　　当你在和学长沟通的时候，一定不要有所畏惧，一定要提一些具体的问题，比如技能要求、工作内容、薪资待遇、工作环境、职业远景等。只要你足够真诚，大家都会帮助你。如果可能，你可以申请一些实习机会，或者参观一下你希望求职的公司，这样，你就能够了解得更清楚了。

如果，你已经在职场上摸爬滚打了几年，在你离职之前，我建议你认真查看一下自己的现状。你可以重新修订一下自己的个人使命陈述，问问自己是否一切都处于正常的轨道上。为什么现在的工作让你不快乐，问题出在哪里，是你的职业选择，还是工作环境，还是你本人出了问题？如果是后面两种情况，你可以继续向下看。我相信，这本书对你会有所帮助。如果是职业选择问题，我建议你找一位职业顾问，或者读一下《你的降落伞是什么颜色？》（*What Color Is Your Parachute?*）这样的职业评估图书。

如果你收集到了足够的信息，并且能够在某一个具体的领域做出理智的决定时，你可以想象一下5年或10年后的生活。

假设，你在选定的领域找到了一份理想的工作，你要为自己的职业定下一个初步的目标，并想象一下当你的目标实现的时候，你会处于一种怎样的状态。你在确定你的理想和时间的时候，一定要符合实际，如果你的目标是30岁之前成为亿万富翁，相信这对大多数人来说都是不切合实际的（对于如何设定目标，我将在第四章详细讨论）。你还可以制订出一份备选计划，如果在这个领域你没有找到理想的工作，你怎么办。当你在面对挑战的时候，一份备选计划能够让你更有勇气。

　　无论你怎样选择，你都会面临一些苦难和疑惑，但是，请不要让这种心情妨碍到你的计划。没有人喜欢雇佣一个长久处于失业状态的人。因此，请记住，在现实允许的情况下，做出对自己最有利的选择，要时刻充满自信，对于自己的决定，绝不后悔。只要你的选择是内心所想，其他的一切苦难都将不再是问题。

神秘的"职业形象"

　　　　在大学的最后一个学期，我回到家里开始找工作。我的大学生活过得比较惬意，因此父母觉得我可能并没有准备好开始工作，甚至建议我推掉面试，但是我并没有听从他们的。我给自己置办了一套新衣服，又做了头发，对着镜子练习了一个礼拜，然后我就去面试了。在和面试官交谈的时候，我故意装得很老成。一天晚上，我和父母一起吃晚饭，他们一直在寻找我身上那个懒散的形象，我觉得他们可能被我吓倒了。爸爸最后说了句："嗯，我觉得你已经准备好了。"

　　　　　　　　　　　　　　　　丹　27岁　罗德岛州

在我们的一生中，有很多次机会可以重塑自己。

还记得你刚进大学的时候吗？最让人高兴的是，这里没有人知道你高中的时候是个傻瓜，你可以给自己重新塑造一个形象，培养一些新的习惯，你甚至可以给自己选择一个绰号。你有机会重新开始，就像之前你从未存在过。

这样的时刻很多，大学毕业也是其中一个。也许，你需要很长一段时间才能看清楚自己，才能知道自己打算怎样度过一生，而职业生涯则不同，对你来说当务之急就是定位自己的职业形象。

何谓职业形象？职业形象指的是你在所处的职场中所呈现的专业、成熟、精明的形象。你个人生活中的形象并不重要，你完全可以在工作中扮演另一副面貌，哪怕你每到周末就变成酒鬼，你都可以拥有一个完全不同的职业形象。

职业形象有什么用？很简单，一个成功的职业形象，能够推动你的职业生涯。你一定听过这样的事情，有一些公司专靠包装明星，让他们看上去是世界上最传奇的人物，就能够赚得盆满钵满。你不必成为一个公关专家，但是我们每一个人都要学会包装一个人，那就是自己。

这其实很简单，也有一定的技巧：首先你要清楚自己的长处。自信和自大是两个截然不同的概念，但是要想在事业上取得成功，你就一定要学会最大限度地发挥自己的优势，宣扬自己的成就。如果你不这样做，别人就会这样做，他们就会压过你。你一定要信任我，你就是自己最好的公关专家。

建立并维持职业形象并不容易，因为你的一言一行都会对其产生影响。想维持你的职业形象，最好的办法就是刚进入公司的时候就将自己的职业形象鲜明确立，并在工作刚起步的时候小心谨慎地维持下去。

现今，社交网络的个人网页和微博已经不再是私人空间，它是你未来的上司、同事、客户了解你的信息的渠道和手段，包括那些你设置了隐私的信息。你当然可以在网上进行一些娱乐活动，或者在自己的网页或者微博上发表一些自己感兴趣的内容，但是要记得，不要太过分，不要将过于私人的东西放上来，可以上传朋友的照片，但是酒后乱性的就不要上传了，一定要随时维护自己的职业形象。接下来，我们继续聊聊找工作的事。

工作的机会

如今，想找到一份好一点的工作，仅仅靠一张大学文凭是万万不够的，你必须彰显自己的优势，让别人注意到你，对你产生想法。

你的时间并不多。如果你现在正处于待业状态，你需要尽快找到一份工作来付房租。如果你处于工作状态，想获得一份更好的机会，那么你就要在上司对你产生怀疑之前找到工作。

很多公司都需要具有工作经验的员工，但是，要想满足这个条件，你必须先找到一份工作。上一代的人可以通过打零工维持生活，但是我们这一代已经没有这样的优势条件了。如今的零工雇佣市场简直堪比麦当娜的演唱会，人山人海。

但是，不要轻言放弃。只要你转换思路，再多做一点准备，你就能够找到一份理想的工作。你要记住，你不是要给用人单位一个聘用你的理由，而是要用人单位必须用你。这个时候，你的职业形象就具有很明显的优势。你与一家公司的每一次互动，包括你第一次发邮件给对方讨论薪酬，都要显示出你的成熟、职业水准以及个人能力，你要让对方发出惊叹："天哪，他就是我们需要的最理想的人，我必须得到他。"

这要如何开始呢？

首先，你要确定哪些职业适合你。你可以试试通过以下途径获得：

➜ 学校的就业指导中心，或者是校友录；

➜ 成熟的招聘网站；

➜ 各大公司的网站；

➜ 人才市场；

➜ 各大行业的网站等。

谨记，很多用人单位都不会公开他们的招聘信息，他们更愿意从公司内部选拔人才，或者通过公司员工介绍。如果，你和其他人一样投递简历，你很可能在第一轮就被淘汰出局。

我的朋友杰克曾经为了找到一份工作跑遍了整个纽约，他曾经在一次招聘会上投递了200多份简历，和5家招聘公司签约，做了十几次的在线测试。即便如此，一个月过去了，他还是没有找到理想的工作。最终，杰克意识到，要想找到一份理想的工作，仅有努力是不够的，你还要足够聪明。你可以通过一些行业出版物，如《华尔街日报》《福布斯》《财富》《商业周刊》等，瞄准自己心仪的公司，然后想办法打入内部，从外部人变成内部人，具体方法如下：

➡ 先想办法认识目标公司的人，最好是有招聘权力的人；

➡ 申请实习的机会，先进入目标公司，获得相关的工作经验；

➡ 找一位你所选行业的人进行推荐，可以是在这个行业有着多年经验的人，比如某位教授或者你的父母的朋友，或者是跟你有相同经历的学长。

你可以通过各种方法，最终他们一定会给你一个目标公司不公开的工作机会，只不过这需要一定的时间等待。因此，你必须等待，你要坚持下去。你一定要有一个符合实际的期待，而且你千万不要忘记自己的目标。最重要的是，你一定不要怀疑自己的能力，不要理会那些"现在工作不好找，先找一份凑合得了"的唠叨。只要你能够选对策略，并且持之以恒，最适合你的机会一定会来临。

简历的秘密（一）

> 从我第一次开始找工作，人们总是对我的简历充满称赞。但是实际上，我的简历和其他人的简历没有什么不同。你要知道，在我第一次找工作的时候，我并没有任何工作经验，但是我知道，当老板们浏览简历的时候，他们一定在找寻自己需要的东西，因为，我告诉自己，一定要列举一些让他们瞩目的内容。
>
> 莱纳 25岁 加利福尼亚

简历，其最根本的作用在于给你争取到面试的机会。如今，市面上很多书都在教人们如何写一份脱颖而出的简历。但是，在我看来，只要依据几个基本的原则，你就能够写出一份精彩的简历。

事实上，没有哪个人会从头到尾浏览每一份简历，他们浏览每一份简历的时间不会超过5秒钟。

　　我的父亲曾经告诉过我，老板们喜欢看数字和统计数据，通过这些信息，他们就能够立刻看出这个人能否为公司带来效益。说实话，对于一个年轻人来说，不太可能有机会单独负责某个项目，但是你能够深层次地参与这个项目。你是否曾经参与过一个公司的某个重大项目？你是否曾经负责过这个重要项目的某个环节？你将如何利用自己的这段经验？

　　假如，你仅仅是在暑假的时候在DQ冰激凌店做过兼职，说不定在这段时间里你帮助店里做过一次活动，并吸引了附近购物中心的大量客人来买冰激凌。对于这种情况，你在简历中不同的描写会带来截然不同的效果：

　　➜ *普通描述：在附近购物中心发放冰激凌打折券。*

　　➜ *精彩描述：为吸引购物中心的顾客，设计并发放了"惊喜夏日"打折券，促使店内顾客人流量暴增25%。*

　　现在，你明白为什么精彩描述能够吸引人看了吗？普通描述只能让人知道你只是这个活动的参与者，并且只是一个被动参与的人员，你的工作不过是站在那里发放打折券，任何人都能够做这份工作。而精彩描述则让人觉得这是一场非常精彩的营销活动，并且提升了销售额，结果非常好。

　　记住，即使你并没有能力独立完成设计折扣券的工作，也没有关系，只要你在设计折扣券的过程中提出过任何建议，哪怕仅仅是字体或者颜色方面的，都可以说成"参与设计折扣券"。只要你稍微改变一下叙述方式，你就能够在对方的心中留下一个完全不同的形象，从一个人人都能做的职员形象变成一个充满想法的营销人才。

很容易看出，在简历中描述自己的职业经历时，你选择的词汇将会影响你的简历给人的印象。在公关行业中，我们将这种做法称为"合理夸大"，只要发挥一些想象力，加上一点积极的心态，即使是最普通的经历也会成为你简历中的宝藏。

但是你一定要明白，合理夸大是允许的，但是千万不要撒谎。在简历中撒谎是一件得不偿失的事情。

另外，介绍一些能够让你简历更加夺目的方法：

1. 针对不同的公司，提供对应的简历。你可以在网上寻找一些样本，也可以找你目标公司的学长，让他对你的简历提出意见。

2. 简历中尽量不要使用形容词，这只会对你不利，让你看上去不够真诚。

3. 简历结构要适合。一般来说，简历有以下几种结构：

➔ 时间结构：按照自己的就业时间，填写自己的职业经历（如果你是在同行业中换工作的，建议你采用时间结构）。

➔ 功能结构。根据技能和成就的高低来填写自己的职业经历

（如果你想换个行业，可以采用这样的结构）。

4. 做好调查，了解你的目标职位所需要的经验有哪些，然后明确阐述你与此职位的契合度。

5. 列出能够反映你职业经历的头衔，即使你可能并没有被正式授予该头衔。

6. 强调你所做出的成就，而不是你的职权范围。

7. 简历中多使用动词，强化你的成就。

8. 列出你所掌握的突出技能，例如计算机和外语。

9. 简历篇幅不宜超过一页纸。

10. 检查简历中是否有错别字，或者格式混乱的情况。

可以对简历设置一些花哨的效果，但是一定得注意不要喧宾夺主，有时候过于花哨的简历会起到相反的作用。一定要记得，简历中的联系方式一定要是最新的，包括你的电话和你的邮箱，同时记住根据不同的对象调整你的结语。

很多年前，为了找到心仪的工作，我曾经逐字逐句地读了两本教人如何写简历的书。然后我按照书中教授的方式写了简历，结果只有20%的简历得到了回复，剩余的都杳无音信。情急之下，我想出了下面的办法，结果第一次就取得了成功。

简历的秘密（二）

想要找到工作，最佳的办法是和有权雇佣你的人取得联系。这要比你想象的简单多了。

第一步，你可以询问一下身边的人，看他们是否认识目标公司中的某个人。要做到这一点也很简单，如你在参加宴会的时候，你很可能会发现你聊天的对象中就有一位是在目标公司工作的某人的老同学。你一定要抓住这个机会。

对于这种情况，很多专家都会建议你恳请这个刚刚结识的朋友将你介绍给他的老同学。原则上，我也同意这样的建议，但问题是一旦这样做了之后，你可能以后的每一步都要依赖这个朋友。

我的建议是，你可以询问对方是否方便将这位老同学的电子邮箱给你，通常情况下，对方都会答应这个请求，这时你一定要真诚地感谢对方。然后你回家后，可以根据下面的模板写一封邮件。

理想情况下，最好使用你专用的邮件服务器，如alex@alexandralevit.com，最好不要使用如Hotmail之类的邮件服务器。在邮件的一开始就要提到你的朋友的名字，否则小心对方立刻将你的邮件扔进垃圾箱。

第一封邮件的语气一定要随意，内容一定要简短，并且开门见山，一开始就要让对方知道你给他写邮件的目的是什么，你需要获得怎样的帮助，结尾处一定要留下你的联系方式。如下：

主题：詹妮推荐

亲爱的老同学：

我叫吉尔，我是你的老同学詹妮的朋友。从詹妮那里，我了解到你在Fab工作，我希望你能够给我一些建议。目前我正在寻找动漫设计的工作，Fab公司非常适合我。不知道你能否将我推荐给贵公司动漫设计部的相关人士，请他看一下我的简历？很高兴能为你做点什么。非常感谢。

真诚的求职者：吉尔

动漫设计师

电话：（312）555-1212

邮箱：jill.jobhunter@gmail.com

网址：http://www.jilljobhunter.com

Subject: Referred by Jenny Partygoer

Dear Classmate,

My name is Jill and I'm a friend of your classmate, Jenny Partygoer. Jenny mentioned that you worked at Fab Company, and I'm hoping you could offer me some advice. I'm looking for a new position in Widget Creation, and I believe that Fab Company might be a good fit for my skills and experience. Might you be willing to put me in touch with someone in the Widget Creation department of your company who could have a look at my resume? I'd be happy to return the favor anytime. Thanks so much.

Sincerely,

Jill Jobhunter

Widget Creator

Phone: (312)555-1212

E-mail: Jill.Jobhunter@gmail.com

Website:http://www.jilljobhunter.com

如果你采取了这样的手段，但还是没成功，那么怎么办呢？没关系，办法还有很多，你要做的就是深挖。打几个电话，去校友录上搜索一下，或者联系一下行业协会，看看能不能找到你想要的那份工作的负责人。不一定非得是顶头上司，相等职位的人都可以。如果你只是找到了这个人的名字，没有其他联系方式，没关系，你可以上这个公司的网站，或者在网页上搜索，尽可能地了解你所要联系的这个人，然后发一封简短但是友好的邮件，介绍一下自己，告诉对方自己的目的。

例如：

主题：你在fabcompany.com的新闻稿件

敬爱的史密斯先生：

我了解到您负责Fab公司的动漫推广，因此我希望您能给我一些建议。我叫吉尔，目前在一家公司做市场营销，负责推广动漫产品，我有4年的工作经验。今年秋天，我将搬家到亚特兰大，您本周或下周能否抽出几分钟的时间，我想和您通个电话，了解一下亚特兰大公关市场的情况。如果有可能，请告诉我什么时候，去哪里找您比较方便。我很希望能够对您有所回馈。非常感谢。

真诚的求职者：吉尔

营销传播执行官

电话：（312）555-1212

邮箱：Jill.Jobhunter@gmail.com

网址：http://www.jilljobhunter.com

Subject: Your press relerae on Fabcompany.com

Dear Mr. Smith:

I noticed that you handle Widget PR for Fab Company, and I was hoping you could offer me some advice. My name is Jill

Jobhunter and I am a marketing communications executive with four years of experience promoting Widgets, and as I will be relocating to Atlanta this fall, I'm hoping you might have a few minutes this week or next to connect via phone and share your knowledge of the PR market down there. If this is a possibility perhaps you could let me know the best place and time to reach you? I'm happy to return the favor anytime. Thanks so much.

Sincerely,

Jill Jobhunter

Marketing Communications Ececutive

Phone: (312)555-1212

E-mail: Jill.Jobhunter@gmail.com

Website:http://www.jilljobhunter.com

　　和史密斯先生的第一次沟通，不要立刻就开始说申请工作。能够拨通电话，或者能够有机会面谈则更好，你可以先了解一下这个公司是否有工作的机会。最重要的是，你要和对方建立私人关系，因为就算他没有权力让你面试，但是你已经成为公司的"内部人士"了。史密斯先生可能会将你介绍给相关的负责人，或者告诉相关人士的联系方式。

即使你已经得到了某位重要人士的电话，我依旧建议你首先通过邮件和对方沟通几次。因为，直接拨通高层人士的电话的可能性并不大，如果他不认识你，通过打电话获得工作机会的可能性相当于成功抢劫了赌场。而且，留语音给对方是一种不礼貌的方式，这有强行推销的意味。因此，第一步的沟通最好还是通过邮件，它会让你更成功地接近真正的决策者。

破解面试之谜

在我离开上一家公司时，情况不是很好。HR部门没有解决我和上司之间的问题，因此我选择了辞职。我当时的心情很糟糕，甚至再也不想工作了。但是不久我收到了一家大公司的面试通知，因此我擦掉简历上的灰尘，去面试。面试官和我相谈甚欢，我们海阔天空地聊了三四十分钟。当她问我离开上一家公司的原因时，我因为和她很投缘，因此我选择告诉她实情……直到接到对方的邮件，通知我他们已经决定聘请他人，我后悔万分。

奥莉薇亚 23岁 密苏里

如果想要面试成功，最关键的一点是要有所准备，不过不需要投入太多的精力。你需要做的就是了解一下对方可能会问的问题，同时做一些回答的准备即可。

尽量多了解你的面试官。用Google搜索对方的姓名，了解对方的情况，这对你会有很大的帮助。可以提前预测一下对方的面试方式，以免出现让你措手不及的情况。比如，面试会如何进行，是一对一，还是一对多，对方是否会拿出一些具体的案例让你当场分析，是否会有当场的测试等。

我还有一个建议，你可以做一份面试文件夹，列出你至今为止所取得的成就，和你在之前岗位上的工作内容。举个例子，如果我是一位市场营销执行官，我会在文件夹中放一些我曾经写过的新闻稿和商业策划书，我参与创作的杂志文章，和我参与发起的各种活动。在面试的过程中，一份整洁而专业的文件夹能够成为很好的参考资料，当然，你也可以在面试后将你的另外一些资料发给你的面试官。很多人都不会花时间这样做，但是这个文件夹的确会起到出人意料的效果。

大多数的专家都会建议你用交谈的风格接受面试，但是一定要注意你所透露的个人信息。记住，一定不要说前任上司的坏话，即使你说的是事实。你眼前的那个面试官，在满怀同情地倾听你的苦水的时候，他的脑海中很可能会出现一年后你在他人面前评价他和他的公司的情境。不要被面试官"充满同情"的表现所迷惑，记住，你们不是朋友，他最需要效忠的还是他的公司。如果面试官问你为什么离开前公司，不妨回答一个中立的答案，比如，上下班时间过长，想多一点时间陪伴自己的父母和家人，或者希望在不同的行业获得不同的经历等。下面，我将提到一些面试时需要注意的地方。

面试前：

准备一些常见的面试问题，比如"请做一下自我介绍"等。千万不要忘记准备一些负面问题的答案，比如"你最不利于工作的品质是什么？"

➡ 根据申请的工作岗位，评估自己的技能和职业规划。

➡ 用头脑风暴的方式想出3—5个你最重要的成就，练习一下，简单告诉面试官你是如何应对工作中的每一次挑战的，以及最终的结果是什么。

➡ 选择一些适合的问题问面试官。

➡ 在回答面试官的问题时，一定要小心，不要让对方觉得你是在背诵台词。

面试时：

➡ 穿着要正式。男士应该穿黑色套装，记得袜子、皮带、鞋子、裤子之间的搭配。女性要穿黑色套装，配一些有品位的饰品，穿高度适中的高跟鞋。

→ 到达面试地点不要迟到，也不要太早。

→ 可以带一个有些磨损，但磨损不是很严重的公文包。

→ 和对方握手的时候一定要坚定有力。

→ 即使你很紧张，也要充满自信。

→ 不要只顾自己滔滔不绝地讲述，要留有一定的倾听时间。

→ 对于负面的东西一个字都不要提。

→ 关注肢体动作，自己的和对方的。

→ 对于无法立刻回答的问题，可以稍微思考一下。

→ 对性格和能力评估测试做好准备。

→ 一定让面试官首先提出薪酬的问题。

面试后：

→ 给所有面试的人员写一张感谢的便条。

→ 主动联系面试官，了解进度情况。

真正的交易

　　我进入的第一个公司是一家运动设备制造公司，这样的公司通常吸引的都是一些很"酷"的人。我在他们的眼中是一个毕业于好学校的好孩子，因此他们总是会刻意找碴儿。我发现很难和我的同事成为朋友，而且他们都已经结婚生子，因此对他们来说这只是一份工作，而我真正感兴趣的是这家公司的技术。这真是太糟糕了，最终我只能选择离开。到了新公司之后，我遇到了很多和我有相同兴趣的人，我现在的工作真是太棒了。

弗兰克 28 岁 佛罗里达州

　　大部分公司都会让他们的人力资源人员进行面试，但是我建议你，你一定要想办法见一下你的未来上司。给你这样的建议，理由很简单，如果你们性格不合，或者工作风格南辕北辙，你就需要思考是否要来这家公司。我并不是说你们的一次见面你就能确定对方的性格和工作方式，而且未来变数很大。但是，如果第一眼对这个人并不喜欢，你就一定要重新考虑自己的决定。

　　在面试的过程中，你应该了解一下其他人员，你未来将要共事的同事。还要了解公司的企业文化、工作环境、公司制度等。你要认真思考，是否能够融入这个公司，如果你觉得不自在，或者这个公司不能满足你的个人需求，我相信，你的职业生涯并不会幸福。你要感受一下这个公司的总体氛围和团队士气，听听员工们都在说什么，也听听他们没有说出来的东西。如果你认为因为你是一个外人，因此他们说的都是对公司有利的话，那你就大错特错了。我曾经去过一家科技公司面试，结果简直震惊了我：有两位员工告诉我，趁早离开，以免陷得太深。最终我没有接受这份工作，但如果不是我对公司的内部情况有所了解，我可能还是会接受这份工作。

对于面试后的感谢便条，我还是要多说一点：有的人认为发送一封电子邮件就可以了，但是我认为这并不妥。如果你想给他们留下好的印象，我建议你还是寄张卡片。

不要忽视推荐人的力量

请设想，你刚经历了一次面试，对方对你有充分的肯定，因此他希望你能够提供几位推荐人，以确定自己没有选错人。通常来说，进行到这一步，说明对方已经决定聘用你了，他们只是出于惯性需要你提供证明人。虽然如此，你也一定要重视这一步。

你提供的推荐人的信息一定要真实，提供的联系方式也一定是有效的。

但是，你要确定，你的推荐人一定不要是你的好朋友的母亲，或是喜欢你的老师，更不能是你的现任上司，即使你们的关系非常好，也不要让你的上司知道你在另找工作。如果你没有工作经验，你可以请你实习的主管或者你的教授来当推荐人。如果你已经工作了一段时间，你可以选择你的前同事，或者是在你离开后依然保持良好关系的前上司。

你在提供推荐人和其联系方式之前，一定要和对方沟通好。事实上，在你开始找工作的时候，你就应该告诉他们，告诉他们你的想法，如果可能，请他们当你的推荐人。如果他们同意，在你将他们的联系方式交给面试官之后，应该再次通知他们，告诉他们面试官可能会给他们打电话，确保他们不会说出什么不适合的话。你有什么信息是希望推荐人一定要说的吗？如果有，你一定要提醒他们，这样他们才能真正帮助到你。

过段时间，你再向他们询问是否接到面试官的电话。如果接到过，记得感谢对方，如果没有接到，也不要太紧张。因为很多面试官要求你提供推荐人，他们只是例行公事，他们可能根本没想过要打这个电话。但是，纵使如此，你也要向推荐人表示感谢。

最后一点：你不必在简历上写"如果需要，可提供推荐人"

（References Available Request）之类的信息。你要知道，如果需要推荐人，他们一定会直接告诉你。

记住，你是唯一的

在探讨薪酬问题的时候，最重要的一点是不要将事情搞砸，不要破坏和对方的关系。但你一定要确保你能拿到可能范畴内的最高的薪酬，因为一旦入职，加薪的可能性就变得微乎其微。对于这一点，你要在事先做好规划。

面试之前，你要为自己的价值定位。如果你是刚毕业的大学生，通常你的选择并不多，你也只能接受对方的安排。但是，如果你在寻找新的工作，你就可以通过网络或者朋友了解本行业的薪资状况，不过要记得结合你的个人能力、工作经验、工作地点等因素。然后你就可以给HR打电话，了解该岗位的薪酬范围。最后，你在和面试官讨论薪酬问题的时候，你需要先问自己几个问题：

➡ 对于此岗位，我的薪酬要求是否合理？如果不合理，我是否能够争取到更高的待遇？

➡ 我能接受的最低的薪酬水平如何？

➜ 我凭什么要求对方给予高薪酬？

根据哥伦比亚大学就业指导中心大卫·戈登（David Gordon）所说，你还要思考一下对方可能会采取哪些理由来拒绝你，比如：

➜ 你的工作经验太少；

➜ 其他经验跟你相似的员工并没有提出更高的条件；

➜ 公司没有这个预算；

➜ 这和公司的规定不符。

试想，如果对方给出的是这样的理由，你该如何应对？当然，前提条件是不要破坏你们的谈判氛围。一定要记住，你的目标是让双方都满意。

就像我前面说过的，一定要让面试官提出薪酬的问题。如果可能，尽量不要让对方知道你可以接受的薪酬范畴。当对方问你薪酬的要求的时候，你的回答要尽量模糊，或者可以反问对方能够提供的薪酬范围是多少。如果一定要说出目前自己薪酬的范围，你可以稍微夸大一点，比如可以加上你的奖金、红利等，你还可以告诉对方你很快就到加薪的日子了。但是，还是一点，不要撒谎，因为有些公司会让你提供相关的证明。

当对方表现出有聘请你的意向时，你一定要问清楚公司是否有其他的福利，比如奖金、假期、股票期权等。即使你对各方面都非常满意，你也不要立刻就答应，你要问对方是否能给你24个小时考虑一下。然后你可以礼貌地请对方将条件写在纸上，如果你觉得薪酬还有提高的可能性，那你可以采取以下的方式：

→ 强调你愿意为公司贡献一切力量；

→ 告诉对方你的处境，特别强调一下如果对方提高薪酬对你会有很大的帮助；

→ 可以暗示对方，有其他公司也打算聘用你，并且待遇会更高。比如，你可以这样说："很高兴能有机会为您效力，而且我觉得自己很适合贵公司，但是我可能没办法接受低于4500美元的月薪。虽然还有几家公司想聘用我，但是我真的很想来到贵公司，现在我唯一的问题就是薪酬，您看……"

记住，任何一家公司都不会设定固定的薪酬，一旦面试官决定聘用你，他通常会愿意给你更高的薪酬。但是，有时候低薪酬的工作可能是很好的机会，所以当你找工作的时候，千万不要将薪酬当作唯一的标准，要更加看重个人的成长机会和发展的空间。

小 结

　　对待职业选择要慎重。在走进职场之前，一定要根据自己的技能、兴趣和个人使命来选择行业。

　　要学会推销自己。要努力成为一名公关专家，学会推销你自己。能够最大限度地展示你的技能，简洁强调自己所取得的成就。

　　要学会利用人脉。不要以为用人单位一定会公开他们的职位信息。联系目标公司的人，将自己变成这个公司的内部人士，这样你就会有更大的机会。

　　一定要建立个人职业形象。在申请职位、接受面试和进行谈判的时候，你一定要表现得成熟、专业、能干，给对方留下你鲜明的职业形象。

CHAPTER 2 **欢迎来到全新的世界**

终于找到工作了，你也松了一口气！当你和公司签订合同之后，也确定了上班时间。现在，高枕无忧了？

不要高兴得太早。

从现在开始，到你入职第一个月的最后一天，这段时间非常关键。在这段时间里，你要做的是抓住时机，营造自己的职业形象，努力给同事留下一个好印象。这听上去似乎很难，其实融入新的环境很简单。

在这里，我将告诉你如何顺利度过在新公司的第一个月。另外，我还将告诉你一些重要的员工准则，帮助你弄清公司的情况，为今后的发展奠定基础。

就要上班了!

也许你会这样认为: "只要等着上班就行了, 我不用再做什么了。"事实并非如此。

如果你还没有见过你的顶头上司, 你可以立刻联系他, 给他发一封邮件, 向他介绍你自己, 再询问一下他还需要哪些资料, 这样你就为新工作做好了准备。如果你的新公司最近上了新闻, 你可以在邮件中提到, 表明你一直在关注着公司。

这封邮件可能用不了你十分钟的时间, 但是它的效果会很明显, 它会使你给你的上司留下一个积极主动、能力十足的印象。

如果你的上司真的给你发回来一些资料, 你一定要认真看, 这是常识。事实上, 我在上班的第一天就遇到了一件非常尴尬的事情。我的上司给我发了一些资料, 在我上班的第一天, 他问了我一些和资料有关的问题。我只是粗略翻阅了这些资料，根本没仔细看，结果不言自明。我希望你能更聪明些，将功夫做足总是没有错的，尤其是在你刚进入一家公司的时候。

另外，如果你的上司提出在你入职之前，会开个重要会议，你一定要主动提出通过电话参加会议。如果你当时还在职，做到这一点有困难，但是你可以变通一下，尽量做到如此。这样，你就会给你的新上司和你的新同事留下一个美好的印象。当然，所有的人都会期待你加入这个团队当中。

著名营销顾问卡米尔·莱文顿（Camille Lavington）在他的作品《你只有三秒钟》（*You've Only Got Three Seconds*）中指出，你只有三秒钟时间形成自己给对方的第一印象。从看到你的那一瞬间，对方就已经从你的服饰、发型、面部表情、姿势等方面对你形成印象，然后，他们会在第一时间中决定是否继续与你相交。第一印象已经让他们下定了决心，无论你再多说什么，他们都会受第一印象的影响。

你入职的第一天非常关键，你会遇到很多对你未来职业生涯产生影响的人。你有一个最让你毫无办法的劣势，那就是你的年龄。就算你改变自己的形象，改变自己的行为，但是你也不过是个年轻人。大部分人都会觉得你不够成熟，难以委以重任，因为你太年轻了，因此你要做的就是努力证明他们的观点是错误的。当然，这些努力都应该是在你上班之前就准备好。

有些事情不是你想的那样

你喜欢也好，不喜欢也罢，大部分公司都是保守的。因此，你上班的第一天应该穿得郑重一些，即使办公室里所有的人穿得都很随便。或许你会觉得这样过于正式，但是，我敢说没有人会因此批评你，反而他们会因此更加尊重你，你的上司会很乐意将你介绍给新同事。

另外，穿着比较正式的人做事也会比较职业化，这可能会有心理暗示在里面。我就如此，穿着随意的时候会不自觉地跷起二郎腿，但是穿着正式的时候我就不会这样做。如果公司里的人大都穿着休闲装，我建议你在上班几天后再穿休闲装。

你可以和公司中着装最正式的人来个比赛，这样你就会显得更加成熟。当你在电梯里和老总相遇的时候，你就会显得精明强干。曾经一位同事告诉我，如果我的穿着像副总裁，我就会比那些穿着随便的人更快成为副总裁。

我听说，女生在谈论其他女生的时候，往往关注的是对方的鞋子和首饰。如果你的经济并不是很宽裕，我建议你准备三双好一点的鞋子，再搭配一些简单、高品质的饰品。如果你怕在上班的路上鞋子磨脚，你可以准备一双休闲鞋子在路上穿，进办公室之前换下来。

　　如果你是男士，我建议你要时刻保持面部光滑整洁，衣着不要太花哨，香水不要太浓烈。谨记，不要戴任何耳钉、鼻环之类的东西。这的确不公平，但千万不要让这些小细节的东西影响你的职业形象。

　　这几年，很多年轻人的着装都选择休闲服饰，其实，女性商业休闲装最低的标准是及膝短裙、短袖毛衣、正装凉鞋；而男性的则是T恤、休闲鞋。而运动裤、亮色T恤，以及其他会有褶皱、破损和过于暴露的衣服都只能在私下场合穿，或者在周末打篮球的时候穿。

　　除了着装之外，办公室里也要注意配饰。我曾经有一次叼着钢笔去参加会议，后来，一位好心的同事问我钢笔的味道怎么样的时候，我才突然明白自己所犯的错误。

上班第一天发生的事

　　还记得上班的第一天，我所在的部门正在准备公司在费城举办的年度大会。整整一天的时间里，我们都在拼命整理客户的信息，晚上7点的时候，我的新套装变得皱皱巴巴，鞋子也脏了，我看上去简直一团糟。就在这个时候，上司告诉我，一个小组的组长想见我，我立刻冲进了卫生间，简单拾掇一下，让自己镇定下来，然后我从容地走进了小组长的办公室。我面带微笑，很放松，就像是在一艘游轮上欣赏夜景。后来上司告诉我，小组长对我的印象很深刻。我难以置信，上司说小组长是这样回答的："一个人在忙碌了一天之后，还能如此从容，一定是个可造之材。"就这样，这次的交往奠定了我和上司之间的关系。

玛丽索尔 29岁 马里兰州

对于大多数人来说，上班的第一天总是慌乱繁忙的。当我从一家拥有300人的公司跳槽到一家拥有3000人的集团的时候，我简直不知所措。上班一星期后，我还是记不得很多人的名字。

正如我前面所讲，你与他人的第一次互动会决定别人对你的印象。因此，当你作为新人被介绍给同事的时候，你一定要面含微笑，眼睛看着对方，握手要坚定有力。问清对方的名字、职位，最好做一些记录，这样能更好地帮你记清对方的信息。如果可以，多与对方交谈几句，但是切记，不要一开始就被卷入办公室的政治旋涡中。要学会提问，适时逢迎对方几句，让对方感觉你对他们真的很有兴趣。

记住，最初的几句话，为的是让大家对你有个好印象，让新同事觉得你是个充满热情、自信，对人真诚的人，无论你的谈话对象是谁。

曾经我见过一些职场新人，他们面对上司的时候毕恭毕敬，但是对待其他同事则是另外一副样子。这是一种很不明智的做法。如果一个人当面一套，背后一套，他就没有任何的职业形象可言。换个角度想，作为公司新人，你并不知道公司里的实权派是谁，因此你一定要重视所有的人，尤其是行政助理。通常，我们将行政助理看作是执行官的耳目，她们是最了解这个公司情况的人。所以，在与行政助理有所接触的时候，你一定要有礼貌，可以表现得有所敬畏。谨记，最终她们可能成为你在公司里最重要的盟友。

破解密语

在办公室中，你觉得大家和你使用的语言都是一样的系统，那你就大错特错了。职场语言非常微妙，很多人讲话都委婉而另有含义。如果你想在办公室里如鱼得水，你就要像出国前想好如何和外国人沟通一样，你一定要读懂办公室语言系统。

用语1：我手上有很多事情要忙。

英语：I've got too much on my plate.

真正含义：这个人手头上的事情很多，或许是他希望别人觉得他很忙，因此他希望能将新任务分配给其他人。

用语2：我希望所有的相关人员都要知道这个事情。

英语：I just wanted to close the loop.

真正含义：这个人在一个你参与的项目上取得了进展，他希望你知道这件事。

用语3：我们评估一下所有人的工作负荷。

英语：Let's assess the team's bandwidth.

真正含义：这个人想了解一下每个人的工作量，他可能会将新任务分配给工作最清闲的那个人。

用语4：咱俩不在一个频率上。

英语：You and I are not on the same page.

真正含义：你们的观点不同，或者是在某一个项目上你们之间出现沟通障碍。

用语5：我现在处于危机的状态。

英语：I'm in crisis mode.

真正含义：这个人目前压力很大，他不希望有人打扰他。

用语6：我只是打个电话了解一下情况。

英语：I'm just calling to touch base.

真正含义：这个人想了解一下项目的进展情况，很可能需要你帮他做点事情。

用语7：记得管好你自己。

英语：Don't forget to CYA. CYA即Cover Your Ass的缩写。

真正含义：这个人希望你能够采取行动，并确保你不会出现差错。

用语8：我告诉你……

英语：FYI…. 即For Your Information的缩写。

真正含义：此人暗示你请留意他接下来所说的每一句话。

用语9：我们一定要学会跳出这个框架来思考。

英语：We're going to have to think to outside the box.

真正含义：这个人接到了上司的命令，要求他仔细研究某个项目，现在，他正将压力转移，要求你想出一些有创意的新点子来解决这个问题。

用语10：有人丢球了。

英语：Someone dropped the ball.

真正含义：这个人正在推卸责任，并暗示团队中某个人应该负责。上帝保佑这个人不是你。

用语11：你现在正在快车道上。

英语：You're on the fast track.

真正含义：这个人在暗示你是个很有潜力的人，很可能会提拔你。

用语12：我们私下谈谈吧。

英语：Let's take offline.

真正含义：这个人想换个时间和你谈，他可能是想和你说一些私密的话，或者不想浪费别人的时间。

用语13：我接下来所说的你最好记住。

英文：Better keep this on your radar screen.

真正含义：这个人需要你留意，说明他可能会忘记自己说的话，但是你要记住，并落实到实处。

工作的第一天

> 我第一天上班的时候，我的网络链接出现了问题，整整一个星期我都无法上网，这给我的工作带来了很大的困扰。这真是太糟糕了，但是我毫无办法，我甚至给网络相关部门打了1000个电话，最终，因为我总是保持沉默，我和网络技术部的一个人成为了好朋友。现在的情况是，只要我的电脑一出现问题，他就会立即跑过来帮我修复。
>
> 米卡 23岁 德克萨斯州

想象一下你的新岗位，一个面积不大的工位，你的桌子上摆着枯萎的植物，地毯上满是灰尘，电话线绕成一团，连台电脑都没有。

　　显而易见，对于你的入职这个公司并没有做好准备，但是对此不必过多介意。开始工作吧。打扫灰尘，装好电脑，然后整理好电话线，装好电脑系统，你首先要确定的是其他人能够联系上你。借此你还可以了解一下这个公司里负责内勤的人是谁。当你的联系方式整理好了的时候，你就可以录一段简短而友好的问候语。你可以说得慢一点，并尽量保证背景无杂音。

　　然后你可以去领一些工作用品，当你去行政部门领办公用品的时候，你一定要小心和他们打交道。不论你在新公司的职位是什么，都不要想象行政人员已经准备好了你的办公用品。你可以礼貌地询问她该如何申请办公用品，然后等待她的答案。不要因为这么一点小事你就不高兴，换个角度想一下，起码你得到了自己想要的签字笔。

　　现在，你可以简单地布置一下。你要知道，虽然这个是你的工位，但是它同样属于公司。你可以在你的办公桌上摆几张照片，但是不要太多。你可以将自己的其他私人物品放到一个能够锁上的抽屉中。因为，很可能在你下班之后你的上司需要你提供某些东西，你一定不希望你的上司看到你的私人物品。还有，你一定不要在办公桌里放置太多零食，以防招来老鼠，让女同事们尖叫害怕。

　　办公桌的布置也要有章法。我认识的人中很多人喜欢将东西乱七八糟地扔在桌子上，这样就会让他们看上去似乎很繁忙，似乎是没有精力再接下更多的工作。也许事实确实如此，但这会让他们看上去毫无章法。职业形象中的一个重要部分，就是办公桌的整洁。所以即使你是一个粗糙的天才，你也一定要设法改一下自己的坏毛病。无论是你的电脑，还是你自己的办公桌，都一定要整理好，在你需要的时候，你能够立刻找到东西。我的建议是，一开始你就要养成这样的习惯，以免以后改不掉。

办公室里的CIA

也许，你一进入新公司就被扔进了一个项目中，或许你只是在办公桌边等待工作安排，无论怎样，上班的最初时间里，你需要做的就是观察。我不是要你成为CIA探员，学会从一切的细枝末节中找到线索，但你要睁大你的眼睛，竖起你的耳朵，尽快搞清公司的企业文化。我的建议是，虽然你很想让公司中的每一个人都知道你是谁，但是你一定要记住，你首先要做的就是融入这个公司。

在刚开始的时候，你要保持低调。你要用一点时间了解这个公司的方方面面，包括大家的衣着，大家的相处方式，以及员工是如何与经理、上司和客户打交道的，办公室中有哪些明规则、哪些潜规则。尤其你要注意的是其他员工是如何处理非工作事务的，了解一下公司对员工上班时间处理私人电话、查收私人邮件，或者是会见私人朋友的容忍度。一边观察，一边学习，一边调整自己的行为和工作风格，争取在最短的时间内融入新的环境中。

要尽量掌握公司的资料，仔细浏览公司的网站、年度报告以及招聘资料，了解公司的价值观、目标、形象等。问一下你自己，公司的目标是提升市场份额，还是提供更佳的客户服务？公司鼓励竞争，还是更注重合作？公司是提倡员工百分百投入工作中，还是希望他们能够兼顾工作和生活？如果对于这些事情你很难通过资料来获得，那你可以和你的新同事沟通一下。

还记得，当我在一家世界500强的公司上班的时候，我注意到我领导的桌子上摆着一本摄影集，上面印有日托中心儿童的照片，在接下来的第二个星期，附近的日托中心关闭，很多同事都是带着孩子来上班，公司甚至拨出预算让员工在假日带着孩子去露营。从此，我就意识到，这家公司更加注重员工的家庭。

你要知道，不同的公司企业文化是不同的，在你以前的公司，你可以一边开会一边吃着零食，但是这并不意味着你的新公司也有着这样的宽容。对一个新公司的企业文化有所了解，能让你在今后的工作中更加游刃有余。

员工文件夹

在你上班的第一天，你可能需要填写"我叫XXX"的铭牌，参加新员工入职培训。培训下来，你的头脑中充满了各种信息。在回家的路上，你可能会有将培训文件扔进垃圾桶里的想法，但是我劝你，将这些文件带回家，并再次仔细阅读。HR可能很快就要你签署一些法律文件，比如竞业禁止协议（即一旦离职，在一段时间内不得加入同行业的其他公司），还有保密协议等。你一定要弄明白这些协议的内容，如果不明白，可以请教你的父母或者朋友。第二天再带着文件回到办公室，以防你将这些文件丢失，也能够证明你是一个非常有责任心的人。

在新员工的文件中，常常会有一份员工手册，里面会详细列举公司的各种政策，比如薪酬计算方式、工作总结周期、评估标准、着装要求、公司福利，以及对于性骚扰的相关处理等。刚开始的时候，你可以将它当作在公司中最重要的朋友，你一定不要遗失它，更不要随手扔进抽屉中，看都不看一眼。

给你讲一个真实的案例：我有一个朋友扎克，他曾经在一家世界500强企业工作，入职的时候，扎克没有注意到在员工手册上明文规定着这样一条：不得在公司的任何场所吸烟，并因此吃了大亏。虽然这项规定有些极端，但是在法律上，扎克还是处于劣势。因此，最好的办法就是在开始的时候就弄清楚各种情况。

常常被忽视的"隐形薪酬"

休息时间

工作中最最重要的事情之一，就是你要知道自己一年当中能休息多少天。因此，一定要注意员工手册中的假期安排。对于新员工，很多公司都会允许他们请假两周，但是对于带薪假、私人假、病假、事假等规定的细节处各不相同。有些公司在员工工作的最初几周内是禁止休假的。在我大学毕业典礼的6周前我拥有了自己的第一份工作，但是6周后，我就要参加毕业典礼，但是HR却拒绝了我的请假。我的建议是，除非万不得已，否则不要在工作的前三个月内请假。你要清楚，可能在单位工作多年的老员工已经好久没有休假了，但是你一入职就请假，他们会怎么想。

弹性工作

很多公司，他们希望员工能够在工作和生活中找到一个平衡点，而现代的科技水平也已经使得很多工作可以随时随地进行，很多公司会实行弹性工作制和远程工作制。弹性工作制的方式比较多，有些公司允许员工自己安排工作时间，只要每天工作满8小时即可。有些公司则是员工在每周的前四天工作总时长满40个小时，第五天则休假；还有一些公司则会把一位全职员工的工作任务分给两个兼职人员去完成。远程工作制度指的是员工可以在家办公。对于公司的制度，你可以向HR询问，或者从员工手册中获得相关信息。你完全可以了解一下，你是否可以采用弹性工作制，但是一定要让你的上司确信你有足够的自制力，可以在没有任何监管的情况下完成你的任务。记住，当你争取弹性工作制的时候，要以公司的利益为先。例如，如果你希望每周有一天可以在家办公，你可以告诉你的上司，在你没有任何人打扰的情况下，你的工作效率会更高，而且你还能够将上下班的时间用来工作。为了让你的领导信服，你可以申请先试行一段时间，用事实证明在这种情况下你的工作效率更高。你一定要注意的是，无论是你的上司，还是你的同事，无论他们采取的是电话还是邮件，都能够在第一时间内联系到你，而且，你要随时向你的上司汇报工作进度。

关于报销

对于报销这件事，你可能觉得没有任何疑问。你的想法是，你为公司花了钱，公司有义务将钱给你。可惜的是，很多公司的报销都是非常复杂的。一方面，你要得到自己应得的，另一方面，你必须尽量控制公司的开销。有的公司要求员工只能在指定的供应单位采购和消费，有的公司则要求员工只能用公司信用卡付费，对于公款请客这一项，一定要留意公司的具体规定。在报销之前，一定要明确公司的相关规定，一定不要撒谎。虽然你非常希望在一次商务旅行之后可以带着自己的爱人大吃一顿，但是你千万不要用公款付费，为了一顿饭钱丢掉了自己的声誉，甚至是失去了自己的工作，得不偿失。

关于电话费

根据不同的职位，公司可能会给员工配备通信设备，这能够为你省下一笔开销。但是你要清楚的是，公司为你支付这项开销的时候，就已经假设你用它处理的都是公务。如果你经常打国际长途，或者总是和你希腊的家人、加拿大的农场主朋友聊天的话，那么你最好还是使用自己的私人手机。

现在，你已经清楚了新公司的基本政策，你可以进入工作状态了。通常来说，尽量避免与HR部门有任何瓜葛，最好让他们意识不到你的存在。你可以将HR部门当作是一个沉睡的孩子，千万不要吵醒他。做好你自己的事情，尽量不要发出任何声音。

卡拉的故事

> 当我加入一家金融咨询公司后，有整整一个星期我无可事事，于是我决定去处理一些私人的事情。有几次，我午饭的时间过长，但是我想到很快我每周就要工作80小时后，我并不是很担心上司会对我有意见。事实确实如此，几个星期之后，我忙得不可开交，甚至连吃午饭的时间都没有。但令我惊讶的是，上司在我的年终评估中写道，在我入职的第一周，我经常在上班时间离开公司。我此后的表现他完全没有看到。
>
> 　　　　　　　　　　　　　　卡拉 24岁 安大略州

以前，我很喜欢的一位经理和我说过这样的话，人们只会根据自己亲眼所见的去定义事情，第一印象的影响实在是太大了！无论你的上司是否喜欢看表算时间，在你入职的第一个月，你一定要做出最好的表现。你可以时刻暗示自己，其他人都在看着你，因此你一定不能迟到，千万不要在办公室里吃午餐，否则，你的这个印象就会永远留在同事的脑中。如果你外出就餐，一定要在规定的时间回来。

下班的时候，可以看看其他同事是什么时候下班的，你要选择一个不早不晚的时间，千万不要第一个离开，但如果你是最后一个下班的，你的老板就会认为你是一个喜欢加班的人，那你今后的日子可能就会很艰难了。另外，很多上司会认为年轻人可以随意使唤，因此你一定要让你的上司明白，你除了工作，还有私人生活。

在今日的通信时代，在讲求弹性工作制和虚拟团队的时代，那种朝九晚五的工作制度已经过时了，但是，如果你的公司依旧是这样的制度，恐怕你只能选择遵从。我的朋友哈里曾经告诉过我，他公司的CEO经常在早上站在办公室的窗子前，一边放松，一边数着有多少辆车子是在9点之后开进公司的停车场的。记住，职业形象中重要的一点就是准时上班，不要经常迟到。

即使你很幸运，你的公司实行的是弹性工作制，但是你也暂时不要给自己弹性。无论是在办公室还是在家，你都要养成按时工作的习惯。更不要一边工作，一边玩游戏，或者放音乐。或许你擅长同时干多件事情，但并不是说你的老板也这样认为。最开始的时候，你要尽量避开这些可能使你分神的东西，尤其是你刚入职，手头还没有太多工作的时候。大部分的经理都不太了解新员工，他们可能将新人先晾上一段日子，要么是不太相信他们的能力，因此不敢将重要的工作交给他们，或者是根本没有时间管理新员工。无论如何，在刚入职的这段时间里，不要让自己无事可做。你要主动提出请求，一旦有人接受你的帮助，你就要尽力将事情做好。

你要知道，在你刚进入一个新公司的时候，你一定会做一些行政类的工作。如果你是刚毕业的职场新人，你的上司会根据你的能力分配一些你能做的工作，因此在工作的最开始几周里，你的工作内容可能就仅仅是接电话。我给你的建议是，在这段时间里，你可以将这段行政助理的工作看成是一种过渡。每个人都会经历这么一段时间，等过去之后，你就会感激这项工作内容带给你的种种好处。如果你是一个有着丰富工作经历的人，大可将这段时间当作是轻松的整饬期。当然，我们知道你很早就已经不再是学徒了，不过你的上司也许并没有意识到这一点。你要相信，你不会一直和复印机相伴的，而且，公司付给你的薪水也不是行政助理的水准，因此他们一定会让你大展拳脚的。

当经理邀请你加入某个项目的时候，你一定不要立刻就行动起来。你要先听听项目组其他成员的意见，不要总是按照自己的习惯去做事。你也一定不要总是说"我以前……"这样的话一出口，同事们就会想："既然你这么喜欢以前的工作，为什么还辞职来到我们这里呢？"这恐怕是你最不想听到的一句话。要仔细观察，看看同事们都是如何工作的。我相信，你的时代很快就要来临了。

在你入职的前几个星期，你一定要注意谨慎使用公司的资源，比如国际长途，比如联邦快递。当你没有事情可做的时候，你可以研究自己的业务，或者和同事来一场项目如何开展的头脑风暴。你还可以阅读一些行业的出版物，偶尔和上司沟通一下你学到的东西，说一说你心中的疑问。这样他就会将你看作是一个虚心好学的人，随时准备发挥自己的能力大干一场。通过这些方式，很快，你就会建立起自己的职业形象。

关于出差的21条建议

当上司第一次通知你准备出差的时候，你一定会高兴得一蹦三尺高。这的确是一件值得高兴的事情，这样就能够暂时离开办公室，还能公费入住高档酒店，跟客户到当地最好的餐馆大吃一段，还可以享受酒店很多的高级服务。

但是，只要你多出几次差，这样的魅力就会开始消退。你会发现，出差时你的工作更加辛苦。回来之后，你疲惫不堪，旅行箱里装满了需要清洗的衣服，还有许多工作的进度需要赶上去。无论你是否喜欢，出差都是不可避免的。对于这件事，我有21条建议：

1. 看清楚公司的报销制度。这一点一定要注意！不同的公司，其报销制度是不同的，有的公司不允许员工打车去机场，有的公司不给报销员工的午餐费用（因为即使你不出差，你也还是要吃饭的）。

　　2. 家里时刻准备好一个打包好的旅行箱。有时时间紧迫，有时你根本不知道自己什么时候要出差，为了避免忙中出错，你可以准备好一个可以随时拎起来就走的旅行箱，这里面除了一套商务装、鞋之外，你还可以放入一些个人的私人用品，包括药物、薄荷糖、名片、网卡、电源线等。

　　3. 时刻维持你的职业形象。出差，虽然不是办公室，但并不意味着你不再需要保持你的职业形象，不要将出差当作是个人旅行。你可以在旅途中给自己一点娱乐活动，但是你一定要注意维持自己的职业形象。天知道是否有人在时刻观察你！

　　4. 提前掌握行程。你要掌握自己的行程，你要确保两次行程之间有一定的时间让你调节，避免行程过于紧张。

　　5. 进行航空里程计划。对于经常出差的人，你不妨加入航空公司的里程计划，我丈夫和我就曾因出差积累的旅程去了一趟澳大利亚。

　　6. 将重要的资料打印随身携带。一旦你的笔记本电脑出现了问题，你就会发现打印资料是多么的重要。尤其是你在见客户，或者开会的时候，除了电子文件，你一定要记得打印一份纸质资料，随身携带。

　　7. 安排同事帮你处理一些事情。你可以将自己出差期间会遇到的工作详细列一张清单，并请一些可靠的同事帮你处理。你要将自己语音留言设置成因公出差，并留下你的紧急联系方式。

8. 准备一个随身包，将生活必需品随时携带。谁知道你的旅行箱会不会被装到另外一架飞机上。

9. 学会屏蔽噪音。要想在出差时精力充沛，首要的是睡眠质量要保证。无论你住的是多么高级的酒店，都不会比家里更安静，因此你可以带上耳塞。

10. 随身携带一些吃的和喝的。出差的时候很多事情无法按部就班，有的时候连吃饭都没法保证，因此你可以随身携带一些类似士力架之类的零食。要记得带水，尤其是坐飞机的时候。

11. 你的着装要稍微正式一些。当你在一个陌生的环境中参加会议的时候，你一定要穿着正式。即使参会人员穿着大多比较随意，你也一定要正式一些。你可以用酒店里的熨斗将衣服熨平。

12. 将笔记本电脑放在行李箱中。虽然笔记本电脑并不是很重，但是背一天，还是会让你筋疲力尽。

13. 将机票订在工作时间。出差的时候，你的工作会比平时延长很多时间，因此一定不要去争抢手的航班。你的压力已经很大了，为什么不给自己留出一些休息的时间呢？而且在飞机飞行的时候，你尽量不要工作，你可以利用这段时间好好休息一下，为接下来的行程做好准备。

14. 最好是坐出租车。无论你的方向感多好，在一座陌生的城市中，你都不要租车自己开。如果公司允许，你最好是坐出租车，不过你要随身带着现金。

15. 经常打电话回办公室。无论你有多忙，都要打电话回去，不要让你的上司以为你突然消失了。经常给上司打个电话或者发封邮件，告诉你的行程。千万不要让他发现你在拉斯维加斯机场停留了半天。

16. 尽量保持时刻在线。你要定时检查邮箱，确保第一时间收到信息，并能及时掌握办公室的一切动态。或许你的上司并没有提出这一要求，但是你回到办公室后就会发现这一点是多么的重要。

17. 准确定时。当你到了一个新的时区后，你要记得调整电子设备和手表的时间，以免时间混乱。还有，要记得同时使用酒店的闹钟和叫醒电话，确保万无一失。

18. 尽量用手机，不要用酒店的电话。酒店里的电话通常费用会比较高，因此尽量少用，以免回到公司报销的时候引起不必要的问题。

19. 善加利用酒店的健身中心。你可以通过跑步、举重等运动减轻你的工作压力，同时通过将你因频繁在外就餐而增长的体重控制下来。

20. 尽量和朋友或家人用餐，不要和同事。在你出差的城市中，是否有亲戚或者朋友呢？如果有，我建议你能抽时间去看望他们，不要整天都和同事待在一起。出差是一个非常好的机会，就是让你能够有时间与那些平时不会专门找时间探望的朋友相聚。

21. 时间计划充裕一些，看看外面的风景。如果公司花钱让你来到了一个从未到过的城市，那你为什么不在那里过个周末呢？不看看那个城市的风景呢？你想想，如果你来到纽约，但是你一周的时间都是在会议室中度过的，那是多么令人厌烦啊！

多年来，我经历过几百次的出差旅行，直到今天，我都无法忘记自己在JFK机场的那次遭遇。那天，我到了机场后，我才发现我要乘坐的那班飞往华盛顿的航班是从拉瓜迪亚起飞的。如果我能够提前确认我的行程，我就不会犯下这样的错误。因此，在你出差的时候，一定要保持头脑清醒，如果你能够做到这一点，出差将会是你成长的最佳时机。

小 结

　　如何给人留下好印象？大部分人都会根据年龄判断一个人，你一定要注意自己的言行举止，和你将自己介绍给同事的方式，你要确保给人一种成熟的感觉。

　　时刻认真对待工作。你刚进入公司的时候，对待每一次谈话，每一项工作内容，都要认真。记住，往往人们对你的第一印象是难以改变的。

　　了解新公司的企业文化。你要根据新公司的企业文化调整自己的行为和工作习惯。成功的员工往往是那些能够在最短时间内融入新环境的员工。

　　谨记：人们会根据自己亲眼所见的情况定义现实。刚入职的前几个星期，一定要将自己最好的风采展现出来。

让全世界都看见你

They Don't Teache

Corporate

in College

CHAPTER 3 写字楼里的秘密

现在，你已经对新公司有了一定的了解，是时候谈谈如何与新同事相处了。与同事保持友好的关系可以推动你的职业发展，让你工作起来劲头十足。

刚开始遇到同事的时候，你很难想象今后与他们一起举行午餐聚会，或者在饮水机前大聊昨晚的真人秀节目。可能你觉得他们应该主动和你打招呼，毕竟你是新人。但是，往往大公司里的员工都很忙，他们能注意到你就已经很不错了。所以，你必须主动融入新环境中，而且要尽快。

在这里，我将告诉你如何与新上司打交道，如何结识新同事，以及如何与他们相处。另外，我还会告诉你如何在工作中拓展自己的人脉，如何在职场上找到真正的朋友。

第一次和新上司打交道

> 我的顶头上司是一个乱七八糟的人，他总是在桌子上不停地找来找去，他根本没时间和我谈愿景，这真是让人愤怒。渐渐地，我的这种态度开始流露出来。我觉得他一定知道我不喜欢他，不久，他就用一些微妙的方式告诉我他也不喜欢我。当然，自此以后他分配给我的工作都是最无聊的。我希望我的职业生涯能够顺利进行下去，因此我就开始努力寻找他的优点。慢慢地，我发现他十分善于倾听，而且他体育方面很精通……后来，我们之间的关系开始转好。
>
> 德维拉 26岁 佛罗里达州

这个世界上有多少种人，就有多少种上司，但是，无论是哪种上司，对于你来说最重要的是你要和上司相处得很好。

作为一个部门的领头者，你上司的主要任务就是带领整个团队完成任务，因此，他需要的是每个人都完成自己的任务。你要做的是了解清楚你上司的工作重点。你可以仔细观察你的上司，看看他是如何与年轻的员工相处的，他在不同的情况下有着怎样不同的表现。世界著名的商业顾问萨姆·本森（C. Sam Benson）在他的《成功管理》（*Your Management Success*）一书中，将世界上各种上司基本分成四类：

➡ 分析型：强调精准，重视准备，计划完善，不喜欢出现错误。

➡ 说服型：冷静沉着，积极乐观，善于说服，喜欢与人打交道。

➡ 果断型：重视竞争，做事果决，沟通直接，喜欢当下出结果。

➡ 支持型：善良可靠，耐心十足，善于倾听，喜欢营造安全感。

你难以用一个简单的类别定义一个人，但是，了解你上司的管理类型能够提高你成功的概率。

我相信，你一定听说过男上司和女上司之间的差异点。通常情况下，女上司注重的是团队合作，注重员工之间关系的融洽，一旦感觉到威胁，就会变得情绪化。但是，男上司则是慷慨大方的，容易相处，他们讲求的是个人努力，因此做决定也比较武断。

当你入职之后，你要尽快和你的上司进行一次面对面、一对一的交谈。这可能需要你主动提出要求，因为大家都很忙，你的上司可能根本不会提出来与你交谈。如果有必要，就请他的助理为你安排一小时，或者你们可以一同吃午餐。

职业顾问朱迪思·葛伯格（Judith Gerberg）对"与上司的第一次交谈"提出的几点建议：

➡ 明确表达你的感激，以及对工作的积极、热情；

➡ 明确你的定位，了解你的上司对你的期待；

➡ 告诉你的上司你需要的支持和职业培训，以便更好地完成你的工作。

除此之外，你一定还要了解以下几点：

➡ 你的主要工作职能是什么？

➡ 他希望你能参加哪些部门会议，是否建议你和某个人详谈？

➡ 如果有需要时你如何和他联系（是直接敲门走进他的办公室还是通过电话、邮件沟通）？

➡ 他希望你多久汇报一次工作进度，以什么方式呈现给他？

➡ 如果你有新想法、新建议，如何提出？

➡ 他将如何评价你的工作表现？

　　如果你们第一次的交谈只能解决一个问题，那么你就应该问清楚接下来你该怎么做。如果你们交谈的方向不对，那么你所有希望上司注意到的表现都将变得毫无意义，无论你的职业经验多么丰富，你多么富有创意，他都不会注意到。所以，最好的办法就是了解清楚你的上司最希望你做的事情是什么，然后想办法让你的成果超出他的预期。

　　当然，你最好让他感觉到你无比需要他，这样他的感觉也会很好。一开始你就应该告诉你的上司，你已经准备好了，他就是你的导师，你需要他对你的指点。

　　另外，我还有一些其他的建议：

　　1. 要谦虚。不要让你的上司感觉到你锋芒毕露，好像在质问他怎么样才能让你升职。你要问他，你做什么会让他轻松一些，会让公司实现目标，让他在他的上司面前获得信任。

　　2. 要现实。你要知道，你的上司也是人，也会犯错误，他的目的不是为难你。你们是一条绳上的蚂蚱，因此对于他的评价你不必过多考虑，不要有任何先入为主的意见，尽量明白他的处境，耐心地将你的想法传达给他。如果有些地方你并不是很明白，要立刻提出来，不要去猜。

　　3. 要诚实。对于错误，你一定要勇于承认，然后询问你的上司该如何做才能挽回损失。不要一个谎话接着一个谎话，也不要给自己找借口，那样做你会失去别人对你的信任。

4. 尊重上司的时间。在走进上司的办公室之前，请将你要问的问题列张清单，沟通时不要离题。当你的上司知道你讲究效率的时候，他就会更容易接受你。

5. 学会自己解决问题。一定要在碰到真正无法解决的问题时再询问上司，并且要提出一定的解决方案，你只是请求你的上司帮忙而已。要仔细思考你的问题，想清楚你手头上的工作是否真的很重要，是不是一定要解决，放弃会不会更好一点？

6. 请学会友好，这样你的上司才会真正地喜欢你。如果他和你侃侃而谈他的政治观点，或者对你的私生活指手画脚的时候，你只需要面带微笑点点头。即使你不同意他的观点，也不要公开反驳，一定要注意上司的感受。你可以夸奖一下他的服饰或者昨天的演说，时常给他帮个小忙，但是你一定要注意，你的态度要诚恳——请相信，他能在一百公里之外就闻到马屁的味道，当然，他并不喜欢这种味道。即使你不打算和他成为朋友，你也可以多多关注他的优点，努力和他建立一种积极的工作关系。

7. 要当一名能干的员工。对于上司分配给你的工作，你要尽量配合他完成。类似于"我没时间"的回答还是留在梦里说吧。如果你知道这些事情需要处理，最好你主动去承担下来，如果你的上司寻求帮助，你不妨第一个表态。很快，你的上司就会将你视作最得力的手下，当作是他最信赖的下属。

谨记：做人要有底线。你可以勤奋，但是不要让人总是占你的便宜。

有些上司，甚至是那些善良的上司，也可能会有跑腿综合征。举个例子，如果你某一次帮他复印了文件，那么之后他所有的复印文件的工作都会交给你。他可能会将你叫进他的办公室，子弹般发射出一连串的命令：这个做了，那个做了，这个拿给我，那个递给我，告诉这个人ABC，要那个人马上回复我……用不了多久，他就会将所有琐碎的事情交给你，结果你就根本没有时间做重要的事情。这种情况下，你可以直接告诉你的上司，你很愿意为他分忧，但是这会影响你手头上一份重要报告的完成。这个时候，你的上司就会考虑如何利用你的时间。

另外，不要让你的上司看到你在晚上10点的时候还在加班，也不要让他看到你周末休息的时候还在回复邮件。一旦出现这种情况，他就会希望你一直这么勤勉下去。

同理，你不要给自己设定一些不可能持久的工作标准，如果你在收到邮件的5分钟之内就回复了所有询问，或者在截止日期之前就完成了任务，如果下一次你没有做到，他就会对你失望。

还有，你要尽快与你的上司的其他属下熟识，借以弄清楚你上司工作的习惯、个人的喜好等。但是在获得这些信息的时候，你一定要注意你的提问方式，千万不要将沟通变成一次批判上司大会。你可以和你的同事了解一下你目前最需要的是什么，这样当你和其他同事或者上司的上司进行自我介绍的时候，你就会显得更加职业化。一定要跟部门的资深员工搞好关系，这样可以顺利地帮助你的上司，也能够巩固你在新公司的地位。

破解办公室里的众生相

在我刚进入办公室开始做化妆品的营销工作时，我特别想和其他的同事成为好朋友，我努力跟周围所有的女孩建立关系，但是她们似乎各有各的朋友圈，我一瞬间觉得自己回到了高中时候。当我邀请某一个女孩一同吃饭的时候，她都会给我一个没办法和我一起的理由，但是我却看到她和其他同事一起出去了。直到某一天，我看到隔壁的一个女孩在翻阅婚纱杂志，我走过去，和她聊了一些结婚的事情。她很高兴，她说即将在圣路易斯举行婚礼，我告诉她我的家乡就是圣路易斯，她的话匣子一下子就打开了……

普利特　24岁　加利福尼亚州

想象一下，你和你的同事被困在了南太平洋的荒岛上，这听起来是不是很糟糕，但是仔细想一想，你们每天工作相处在一起的时间，不就像是一起在沙滩上敲椰子的时间吗？因此，若是你想有一个愉快的工作环境，首先就要和你的同事建立良好的关系。

　　你可以和他们一起到街角的餐厅共进午餐，你们也可以一起来到健身房锻炼身体，可以在一起策划公司的一个项目或者讨论公司的一项新规定，你甚至还可以和他们一起见证你人生的某些重要的时刻，比如我就和我的同事一起目睹了"9·11"。

　　在工作中结识一些好朋友，会让你的职场生涯变得更加舒适，如果你没有这样的朋友，你就很难取得成功。

　　寻找办公室朋友的最佳时机就是在你刚入职的时候。当你的上司将你介绍给大家的时候，看看谁的表情最友善，你可以主动亲近他。或许你已经知道如何订做名片了，但是不妨找个机会向他们讨教一下。如果有人请你帮忙倒一杯咖啡，你也要乐意效劳，但是千万不要立刻和某个人黏在一起，因为你还不了解办公室里的情况，因此你千万不要将自己归入某个圈子。

　　入职的第一个月，你要做的是对办公室中的所有人都有一定的了解，不要将目光聚集在某个人或者某个圈子里。

　　当你在办公室逐渐站稳脚跟之后，你可以和你想要成为朋友的人进行一次深入的交流。如果你的部门已经分成了几个圈子，这就会让你有一点难办，很可能出现大家都出去玩了，但是只有你一个人被留在了办公室里，这种感觉让你觉得回到了学生时代。对于这种情况，最好的办法就是逐个打通办公室不同的圈子。找个每个圈子中最喜欢打交道的那个人，了解这个人的爱好，然后和他聊聊。比如，你发现隔壁的男士在办公桌上安装了一个篮球筐，你就可以立刻和他聊一下昨晚的篮球比赛。人们都喜欢谈论自己，你可以鼓励你的新朋友多谈论一下自己，当他问你的时候，你再开口说自己的情况。适时提供一些小的帮忙，也能让你交到朋友。比如你的同事要出差，但是他的宠物找不到人照顾，如果碰巧你们住地相距不远，不妨立刻主动提出帮他的忙。

有的时候，同事们对你的示好可能会不予理会，你不要在意。或许你所在的部门就是这样，也可能大家确实没有什么共同点。如果是这样，你可以将自己的目光扩大至其他部门。说不定你可以在财务部找到和自己志同道合的朋友，早上总是在电梯中碰到的小伙子或许也是不错的选择。

另外，你还可以了解一下公司是否会组织员工的业余活动，比如是否有自己的球队、旅行俱乐部，或者是否有什么志愿活动、慈善活动等。一旦发现自己喜欢的活动，你可以立刻报名参加，而且要认真对待这些活动。到了活动现场之后，找到你认识的人，让他将你介绍给其他的人，对于那些结识的新朋友一定要跟进。碰到了让你感兴趣的人，你可以找个借口给他发一封邮件，告诉他你是谁，鼓励他和你继续交往下去。

千万不要和办公室里的异性单独约会，否则当你们的关系破裂之后，当他（她）和其他人交往的时候会让你变得很尴尬。绝对不要和你的异性上司或者其他部门的异性约会，即使你真心想和他（她）结婚，否则你这种行为只会让你自断职业生涯。怎么办呢？你可以请同事介绍他们的一些单身朋友。

同事还是朋友？

我这辈子，有一个情形永远忘不掉，当时我和劳拉站在纽约
43大街上，劳拉和我是公关部门的同事，我们认识一年多了，在
过去的一年中，我们共同面对了自大的上司和不讲理的客户，还
一起想出了很多富有创意的点子，差不多每天中午饭时间，我们
都是在一起度过的，我们讨论工作，也聊自己的生活。

那一天，我们站在大街上，我对她说："劳拉，很高兴我们
能成为最好的朋友。"

听上去，劳拉的话有一些残忍，但是这句残忍的回答却让我
明白了一件事：不要将同事和真正的好朋友混淆。

同事和朋友非常容易被混淆，特别是当你初来乍到一个新环
境，渴望立刻交到新朋友的时候，更容易如此。在大学的时候，
想交到朋友很简单，你只需要走到对面的宿舍，敲敲门就行。但
是离开学校之后，就没有这样的机会了。你可能是因为太忙了，
所以没有时间去交新朋友，这个时候你就会将目光放到同事的身
上。这也没什么，毕竟相对来说你对他们更了解一些，你们每天
有8个小时在一起。

虽然很多人都在通过工作结交朋友，但是你若想和同事成为真正的朋友，这简直难于登天。劳拉说得很对，好朋友可以交心，他们会陪你度过生活中最艰难的时刻，而同事只是碰巧和你处于同一个地点。

如果对于这个事实你感到气馁，你可以问问自己：

➡ 如果这位同事离开了公司，在一年之后你还会和他保持联系吗？

➡ 如果你有一件紧急的私人事件，这个朋友会帮你的忙吗？

➡ 在下班之后你会和这个同事一起相约吗（工作日午餐和公司组织的活动除外）？

➡ 你见过这位同事的情人了吗？

➡ 如果这位同事升职了，你会为他真心高兴吗？

➡ 如果你们碰巧在超市里遇见了，你们能够愉快地聊10分钟和工作无关的话题吗？

➡ 你去过这位同事的家里吗？

➡ 抛开工作，你和这位同事有共同的爱好吗？

如果对于以上问题，大多数答案都是肯定的，那么恭喜你，你真的在办公室中找到了一位好朋友。你一定要认真维护这段友谊，你要在工作之外与他密切联系，而在工作之内保持一定的距离。无论你是否喜欢，在面对升职、权力、金钱等问题的时候，人们的表现会和平时不太相同。如果你和你的朋友碰巧被安排到同一个重要的项目中，即使他平时是一个善良、好相处的人，他依旧可能什么都不做就安然享受所有的荣誉。你一定不希望自己在友谊和利益之间二选一。

如果你足够幸运，你的同事也很可能成为你一辈子的好朋友。我就碰到过这样的事情，我的朋友凯瑟琳曾经和我是同一个部门的同事，后来她成了我的伴娘。

在办公室之外……

我曾经在一家网络公司工作，当时很多男同事都喜欢抽大麻，在这个问题上我很难和他们达成共识。当时，我很想和他们成为好朋友，因此一次去外地开会的晚上，我和他们一起在酒店的房间里吸食了几口，我觉得对于这件事情，我的上司是不会知道的，但我没有想到的是，她知道了。后来她告诉我，本来她想将我升职为高级经理的，但是经历了那次事件后，她没有将我开除已经是万幸了。

吉姆 29岁 华盛顿州

想在公司中交朋友，其实机会很多，一次派对，公司聚餐，假日聚会，等等。在这样的场合中，每个人都可以展示一下自己非工作时的样子，而且免费的食物真的就已经足够让人心动了。

因此，不管怎样，对于这些活动一定要参加，而且要全身心投入其中。但是也一定要牢记以下几点：

记住，这里虽然不是办公室，你也不要在同事面前过于狂放，不要喝醉酒。你一定还记得你在大学时候喝得烂醉如泥的情形，想想看，你的同事会如何看你？如果你因为醉酒和你的同事产生了争吵，以后你将如何和他们相处？当你的上司告诉你公司买单的时候，你可能会变得大手大脚，但是占点小便宜，会耽误你的职业发展，因此你一定要控制自己。在聚餐之前，你可以先吃点东西垫垫，喝点水。在聚餐时，一定不要喝醉。在你清醒的时候保持职业形象已经很难了，何况你喝醉后呢。当然我并不是要你一口酒都不要喝，毕竟，大家都是成年人，如果你总是拒绝大家的敬酒，你反而会被当作是一个怪人。你要做的就是把握好尺度，无论同事如何劝酒，你都要保持原则，每次只喝一小口，一杯酒你可以喝一个晚上。

你要知道，公司的团队聚餐活动并不是要考察每一个员工的酒量。同时，你要注意自己的言行，因为大家可能正在相互观察。到了餐厅之后，千万不要坐到距离经理最近的位子上，这样会让大家觉得你是在拍马屁。而且，你要知道，这一顿饭下来，你是在和谁聊天。你一定不要当第一个点菜的人，先看看你的同事们是否会点酒，他们会点什么价位的菜，然后根据他们的标准来点即可。要注意餐桌礼仪。你是否还记得你妈妈对你参加毕业晚会时的叮嘱？不要一边吃着东西一边讲话，不要把头发掉到餐桌上，不要点需要用手抓或者会留下油渍的东西。如果大家拼在一起用食，一次不要取得太多，而且先收好手机。和同事一起吃饭与和朋友一起吃饭是很不同的，你依旧可以放松，可以开玩笑，但是你一定要记住，同事就是同事，他们是你工作的一部分。

最后，大多数公司都会在年底的时候开年会，这个时候大家都会比较兴奋，因为，要放假了。往往在这个年会上，大家会尽情狂欢，你一定不要犹豫是否参加这个年会，而是一定要参加。因为在年会上会有各种礼物和奖金，而且这也是你表现自我的最好时机。你要牢记自己的职业形象，穿着适当，如果可以带异性朋友，不妨带着一同前往。如果不允许，你可以趁这个时机认识一下公司的高层。

你所在的部门可能会有自己的聚会，放轻松，学会找到其中的乐趣。在这之前，你可以先了解一下公司是否有同事之间要互相送礼物的规定。据我所知，很多公司都会让员工每人准备一个小礼物，然后放到一起，每个人选一个自己喜欢的。

如果你的上司安排你为整个部门买礼物，你一定要用心挑选。你可以不给上司送礼，但这毕竟是一种很好的示好方式。记住，一定要给行政助理买一份礼物，对她一年来对你的帮助表示感谢。很多部门年终的时候会让每个员工带来一道菜，大家坐在一起聚餐。这个时候不要妄想比试厨艺，你要做的就是去超市买一份半成品回来，用家里的烤箱烤半个小时就算完成了你的任务。我敢保证，同事们一定会赞叹你的手艺的。

办公室交谈注意事项

年轻的时候，你会觉得整个世界你是中心。但是，如果在办公室中有这种想法，你就会陷入困难的境地。你会突然发现，自己似乎进入了一个人人冷淡的世界，似乎每个人都可能在背后给你一刀子，甚至会有人抢走你的功劳，偷走你升职的机会。

你要知道，大家都在做着自己的事情，很少有人有时间陷害你，所有你不要担心别人会散播你的谣言，你只需要谨慎自己的言行即可，请记住以下几条。

1. 切忌散播谣言。为什么要将这一条放在首位呢？因为想要做到这一点，真的不是很容易。尤其是大家都无聊的时候，一则谣言会让每一个人都精神起来。对于谣言，你可以听听，但是一定不要散播。一旦领导发现你这样做，就会对你的职业生涯产生毁灭性的影响。

2．不要说脏话。讲脏话会直接影响你的职业形象，很多人都会讲脏话，甚至你的上司也会讲，但是你最好不要讲，你要知道"祸从口出"。

3．对于政治上的言论要谨慎。或许你不喜欢共和党，但是你没必要让你的上司知道这一点。记住，对于政治人们大多是敏感的，从工作的角度来说，不要说一些在政治上不正确的言论。如果你发现某个种族的人总是迟到，你只要记在心中就可以了，不要在办公室里谈到种族或者性别的话题。

4．谈话内容不要涉及毒品、性、政治。或许你的办公室环境很宽松，但是你也不要谈论有关性、毒品和政治的话题，这些只能和你的亲密朋友交谈或者宗教领袖来谈。

5．注意文化的敏感性。在和来自其他国家的同事打交道的时候，你一定要注意当地的商务礼仪。比如，不同国家的人对待送礼有着不同的定义，对隐私也有着不同的看法，所以，不要因为对方会说英语，你就认为他们一定能够理解你的意思。最重要的是，无论在什么情况下，你都不要诋毁对方的文化习俗。

6．不要分享你的秘密。对于个人的秘密，不要和任何人分享。如果你在说某句话之前，你需要先叮嘱对方"这件事一定要保密"或者"这件事你一定不要和任何人说"，那么我奉劝你这句话还是不要说。即使这位同事是我们之前说的那种"真正的朋友"，我依旧建议你谨慎处理。想一想，即使是大学最好的朋友，你会把影响自己名誉的事情告诉他（她）吗？如果你一定要将自己准备跳槽的事情告诉一个人，那你最好还是告诉你妈吧！

建立自己的人脉圈

> 我还是不懂得建立自己的人脉圈的意义何在。最近在参加一个行业大会时，我碰到了一位比我早毕业的校友。我记得在校友录上见到他的介绍。现在，他是我这个行业中的名人，我很想和他聊聊。可是人家真的会帮助我吗？我有什么资格向他讨教呢？我并不希望别人认为我是一个差劲的汽车推销员，因此我选择离开。我知道自己错失了一个非常好的机会，但我就是没有办法鼓足勇气。
>
> 曼妮 25岁 科罗拉多州

大部分年轻人都会觉得，建立自己的人脉圈最根本的意义在于找到工作，但这是不对的。人脉圈最大的作用是信息的汇集，并因此帮助你做出明智的决定。

其实我们每天都在不知不觉地创建人脉圈。打个比方，过几天你就要搬到一座新城市，但是你的汽车突然坏掉了，这个时候你该怎么办？是立刻找一家最近的修车店，还是通过朋友的推荐？如果是后者，说明你的人脉圈在发挥着作用。想想看，为什么很多生意是自动找上门来的？很多人都是依靠口口相传来拓展业务的，这就是所谓的人脉圈。

建立自己的人脉圈的目的是获取信息，提高你在行业内的知名度，建立你的私人业务圈。无论你多么喜欢现在的工作，你还是希望自己能够有更多的机会。现在，你可以思考一下，你该如何做才能让人脉圈推动自己的职业生涯呢？

你可以参考以下的做法：

1. 提前建立人脉圈。职业顾问朱迪思·葛伯格建议年轻人要学会建立公司之外的人脉圈，这样，无论你要从事什么样的工作，都会获得更多的信息。她建议年轻人要定期参加行业协会，并且至少每个月参加一次聚会。同时，你还可以让你的朋友给你介绍更多的人脉。从根本上来说，多交一些朋友总是一件让人开心的事情。如果你想认识一些相同志趣的人，最好的办法就是建立你的人脉圈。

2. 你要清楚自己想从人脉圈中获得什么，也要知道自己能够提供给他们什么。很多人不喜欢交朋友，他们觉得向陌生人寻求帮助是一件很让人为难的事情。记住，帮助别人自己会快乐。只要你能够使用正确的方式，相信很多人都很乐于帮助你。在你结识新的朋友之前，你应该准备好几个话题，你要明确自己想从他们那里获得哪些信息。请你想想，你希望如何向对方求助，是打个电话说一下，还是请对方吃一顿饭？另外，你能为对方提供怎样的帮助？你要仔细听一下对方所说的话，想办法主动为对方提供帮助。记住，人脉圈是循环的，你不仅会向别人求助，你也会得到别人的求助。

3. 联系对方。当你向其他人寻求帮助的时候，你一定要礼貌、友好，一定要言简意赅。在前面我就已经提到过，通常通过发送邮件比打电话要好，但是如果你在拓展你的人脉，那么最好的办法是面谈。无论采取哪种方式，你一定要记得，你是寻找帮助的，如果对方很忙，你暂时不要打断他。当你们能够坐下来聊一聊的时候，你一定要记得买单，并且事后要记得给对方发个短信或者邮件表示感谢。还有，一定不要在事后消失，请牢记"3/6法则"，即6个星期内至少要联系对方3次。如果对方一直都没有回复你，你可以暂时忘记他了，继续寻找你的新朋友。

4. 要保持联系。当你们第一次见面的时候，你要确定的就是保持沟通的顺畅。如果对方给你一些建议，你要记得反馈，并告诉对方他的建议真是太有效了。及时了解他的职业动向，确保对方也了解你的职业发展情况。如果有时间，可以请对方出来碰碰面，放假的时候，记得给对方寄一张卡片。

如果你是一个很内向的人，或许最自然的人际交往也会让你觉得吃力，或者你根本就不喜欢向别人寻求帮助。要想克服这种心理，你就要多请教别人，我就是这样做的。每次有机会，我都会提出在工作中让我困扰的事情，请对方给我一些意见，结果效果非常好。每次在我给新朋友打电话之前，我都会写一张纸条，以防自己忘记想要说的话。通常我会在早上心情很好的时候打电话。另外，当我拨通对方电话的时候都会站着和对方通话，这样会让我的声音听上去更加职业。经过几年的练习，虽然在和陌生人打交道的时候还是有些紧张，但是我已经自信多了，相信你会做得更好！

善用网络社交

> 我刚上大一的时候，就开通了Facebook，现在我即将大学毕业，我想我再也不会更新我的主页了，毕竟，我花了很多时间上传那些信息，这真是让我觉得自豪的一件事。但是我的职业顾问建议我用这些社交网络拓展我的人脉圈。她告诉我，我未来的上司很可能会想看看这么多年来我都在做什么。
>
> 杰森　22岁　衣阿华

在社交网络中，志趣相投的人会聚集在一起，你不需要刻意去找，就能很容易地结识一些你平时根本碰不到的人。很多人都在使用Facebook.com或者是MySpace.com，我建议你继续使用下去。

大部分的社交网站都有搜索的功能，你可以通过这个功能接触到更多的同行。戴安娜·丹尼尔森（Diane Danielson）在《在线人脉拓展指南》一书中建议你多留意你朋友的人脉圈，你会发现，在关键时刻他们都会帮上大忙。

在网络上结交朋友是一件非常简单的事情，你可以创立自己的主页，然后定期上传一些你自己的信息，比如你的工作，你所供职的单位，你的个人爱好，你曾经获得的奖励和荣誉等，以及你想和哪些人成为朋友。更加方便的是，社交网络都有自动更新的功能，因此你根本不需要建立一个地址簿，这样你就节省了很多联系的成本。

我在第一章的时候就已经提到过，当你使用社交网络的时候，你一定要注意你的职业形象。比如，你要注意你在网络上发布的照片的内容，以及访问你主页的朋友的头像等。对于这些方面，戴安娜·丹尼尔森也提出了一些自己的建议：

➡ 先交友，再求助。当你使用社交网络建立人脉的时候，你可以先和对方建立朋友关系，然后再考虑如何互相帮助。

➜ 重视承诺。千万不要承诺自己做不到的事情（比如承诺安排对方和你的上司见面等），否则你会很容易就失去朋友，让别人对你失去信任。

➜ 管理你的期待。你不要期待第一次见到的人就能为你找到一份工作，或者获得一个新客户。当你和新朋友沟通的时候，你要给自己明确而具体的期待，比如何时见面，或者了解哪些行业信息等。

➜ 善于使用关键词。很多人都会根据关键词打开某个网页，因此你可以使用"商业媒体记者""Linux程序员"等关键词给自己的主页定义。

➜ 将你的资料链接公开。在你的邮件签名档中加入你的主页链接的网址，这样收件人就能够通过邮件点击你的链接地址来了解你。你还可以在主页中加上你发表过的文章的链接，你所在的组织，以及你即将发表演讲的活动。

学会利用你的人脉圈。你可以每个星期抽出30分钟的时间了解网络上的新功能，例如，在第一个星期你可以去了解每一个曾经访问过你的主页的人。

➜ 对于你公开的信息请格外谨慎。所有的网络平台，包括BBS、社交网站、微博等，都会有自己的规定。你可以用一些空闲时间看看其他人是如何使用这些网络平台的，以便你能够很好地融入到网络社区中。

➡ 注意你的语气。记住，你的网友对你在网络上发出的帖子会非常敏感，任何具有讽刺的话都会被人当作是人身攻击。当你使用的是全球性的交友平台的时候，你一定要注意对方的文化背景。

微博虽小，作用很大

在过去的几年中，很多职业咨询专家都开始注意到微博的重要性。他们认为，在人人都有微博的时代，如果你没有自己的微博，你的上司和同事就会觉得你是个没有创意的人。从个人角度来讲，我并不认为每个人都应该开通自己的微博。

首先，除了接收讯息，虽然每个人都可以在微博上发表自己的言论，但是很多微博毫无意义，甚至只是起哄。那么你是否需要开通微博呢？我的建议是当你根据生活的经历对某类问题有了自己的想法的时候，你就有开通自己微博的必要性了。开通微博并不是为了哗众取宠，否则就不会有人去关注你。

第二，并不是每个人都有时间和精力去打理微博的，很多人喜欢微博，但是对于大多数人来说，微博只是一时兴起才会去写点什么的。

如果你已经下定决心通过微博成为某个行业的专家，或者通过微博让你未来的老板欣赏你，那么你一定要记住，不要通过微博表达你的愤怒。比如，登录我微博的人都希望通过微博得到一些职场上的建议，如果我每天都在微博上写自己的私人琐事，很快他们就会厌倦。

最近，有人质疑微博转载文章是否侵犯知识产权。关于这个问题，一定要谨慎，我的建议是当你发表了自己的见解后，你可以将其他相关文章的网络链接附上。你可以想一下，你的读者还需要哪些信息，他们还需要哪些人的想法。在微博中，你还可以公开一些新闻链接。如果你想更多的人更容易地搜索到你的微博，你可以给你的文章起一些诱人的标题。你还可以和微博中的其他人相互链接，包括微博名人，在微博中推荐他们的微博，或者及时回复读者的留言。

最后，如果你想通过微博抒发自己的感想，你不必重新申请账号，你完全可以在别人的微博里发表自己的感想，相信很多博主都会欢迎你的这种做法。

为自己找一位导师

如果你想在职业上有快速的发展，最好的办法就是给自己找一位职业导师。你可以找那些年纪比你大一点的，能够在职场上给你建议的人，或者是能直接给你提供帮助的人。

是的，为自己找一位职业导师是一个非常好的主意，但是他并不会主动来找你。你要主动去找他，并和他建立良好的关系。这说起来很容易，做起来很困难。因为，对于你来说最好的职业导师往往不会是你的上司。你可能要从其他部门，或者其他公司着手。

组织心理学家尼尔·斯特罗尔（Neil Strol）给年轻人的建议是，要注意观察公司里的那些高明人物，尤其是那些愿意给年轻人提建议的人。他最好有和你类似的职业经历，并能够通过一些明确的决策成为当下的成功人士。最好他有着和你相同的价值观，并且是你喜欢而且崇拜的人。

当你找到了合适的人选后，你该怎么开口呢？你一定要提前做好准备，你要明确希望从对方那里得到什么，然后找个双方都适合的时间和时机。你一定要做好期待管理，因为如果你希望每周和他面谈一次，或者请他在你的上司面前多说几句好话，他很可能会因此拒绝你。当你和对方第一次接触的时候，你要解释一下你为什么会寻求他的帮助，真诚地夸赞几句，询问一下他是否有时间和你出去聊一聊。当你们坐下来的时候，你要再次表示感谢，告诉对方你想和他建立怎样的关系，注意观察对方的反应。最好的反应是他和你一样充满热情，这样你们就可以顺势安排下一次见面的时间。如果他的反应并不热烈，你可以问一下原因，但不要勉强对方。

对于这个问题，著名职业顾问迈克尔·亚历山大（Michael Alexander）给出了以下几点建议：

→ 学会提问。

→ 适时聆听。

→ 回答问题要实事求是，否则给予的建议会变得没有任何作用。

→ 根据自己的情况选择性地接受信息。

→ 尊重对方的时间。

千万不要忘了向对方表达你的感谢。想一下，有没有你能为对方做的事情，一旦答应了对方什么事，务必保证做到。

举个例子：我的一位导师曾经是我所在公关公司的高级副总裁，她最喜欢的一项运动就是瑜伽，记得有一次她为一家健康生活杂志写了一篇关于瑜伽的文章，我主动提出帮她编辑。除此之外，还要尽量去帮助其他人。想一下，当你找到一位好的导师后，你还能够做哪些事情来帮助其他人？你可以成为其他人的导师，你可以将从你导师那里学来的智慧和知识转赠给其他有需要的人，我相信，你的导师也很希望看到你这样做。

小 结

　　尽快接触你的上司。要了解你的上司最看重的是什么，他希望你做的是什么，然后超越他的预期。

　　摸清公司里的人际关系。在你入职的第一个月里，你要尽可能多地了解你的同事。当你在部门中站稳了脚跟的时候，你就可以在公司寻找你真正的朋友了。

　　学会辨别不同类型的友谊。好的工作伙伴不等同于好友，真正的好朋友会陪伴你度过人生中的每一个艰难时刻，而工作伙伴只是碰巧在一个公司上班而已，一定要清晰分辨两者的不同。

　　建立自己的人脉圈。人脉的最大功用在于它能够帮你搜集更多的信息，提高你在行业内的知名度，帮你找到事业上的贵人。尽快给自己找一个导师，他最好是你喜欢并且崇拜的人，而且和你有着相同的价值观。

让全世界都看见你

They Don't Teache

Corporate

in College

CHAPTER **4** **成为目标的主人**

在这里，我要讲的是如何最大限度地利用好你的第一份工作。首先，我会说一下如何为第一份工作设定目标，并推动个人的成长。然后我将告诉你如何为你的公司创造价值，并且指导你培养一些关键的职业技能，比如问题解决能力、风险管理技巧等，无论将来你从事什么行业，这些技能都是必要的。

　　你在阅读的过程中，可以将你现在的公司想象成一个练习基地。

写字楼里的目标

> 我找的第一家公司是一家非营利性组织，但是工作内容和我想象的完全不同，我的工作和我们面谈时所聊的完全不同。我想做的是走到外面去帮助这个世界，但是他们却让我每天都坐在办公室里处理各种各样的文件、资料，这真的让我沮丧。因此，我不得不问自己："从这份工作中，你能学到什么东西？怎样才能让你做真正喜欢的事情呢？"我经过细致的思考后，得出这样的结论，我完全可以在这段时间里清楚了解这个组织是如何运作的，而这些是外出无法学到的东西。
>
> 塔米卡 24岁 华盛顿州

你一定要面对现实，大部分的工作都和你所想象的不同。正如我在第二章说的，无论你的学历多么高，年轻的你必须从头开始，而你入职后的主要工作可能和你的面试官所说的完全不同。

我敢说，他们首先会给你安排一些行政类的工作，你根本不必发挥创意。这对你来说简直太煎熬了，毕竟你已经习惯了在很短的时间内获得丰硕的成果。但是，如果你能放下自己的不满和牢骚，把这项工作当作是一种学习的机会，那么你就会很快乐。

你要时刻记得，对你来说最重要的技能是什么，并利用眼前的任何机会去掌握它。如果想要实现你的目标，当下你要做的就是为目前的工作设定合理、具体、可实现的阶段性目标，进而帮你实现长远的职业规划。

作者哈里·钱伯斯（Harry Chambers）在他的《获取提升：推进事业的有效策略》（*Getting Promoted: Real Strategies for Advancing Your Career*）一书中提出，你可以通过设定目标来明确自己对某份工作的期待。你的目标要能够激励自己，因此这些目标不必定得过大。只要它们能够推动你前进就可以了。你可以根据以下问题来设定你的目标：

➡ 你想做什么？

➡ 你为什么要做这个，它对你的成长会有所帮助吗？

➡ 怎么判断你是否成功了？

➡ 你如果衡量自己的成功？

我将几年前我自己做的目标列举出来，方便大家参考：

➡ **现任职位**：请网络公司安排纽约分公司和美国分公司每周固定举行网络会议。

➡ **未来规划**：带领一个团队为一家全球性客户提供公关服务。

➡ **目标**：学习如何带领团队了解项目进展情况。

➡ **我要做的努力**：在做好与网络会议公司协调好工作后，还需要向副总裁申请旁听，做笔记。

➡ **这样做的原因**：能够为将来的发展做好准备。

➡ **什么时候去做**：周一向副总裁申请，希望下周即可开始参与网络会议。

➡ **评判自己成功的标准**：参加过几次网络会议后，我会向副总裁申请是否以后由我来协助设定会议日程。

你可以将你的目标写下来，这样能够坚定你的决心，然后请上司给你提出意见和建议。你的个人目标是否和公司的目标相一致？你的个人期待是否合理？从你的经验和能力来看，上司对你的期待是否符合实际？你的上司是否相信你能够在半年内学会如何管理客户关系？他是否觉得你还需要一点时间的磨炼？当你们谈话结束后，你要根据上司的建议修改你的目标。相信我，只要你这样做了，你的上司就会对你的努力留下很深的印象，你也会因此提前几个月得到提升。

根据工作内容的不同，你所设定的目标也应该不同。但是，所有年轻人都应该掌握一些可以通用的工作技能，比如公共演讲、项目管理、客户关系管理、预算等。这些技能无论什么时候都不会过时，也对你的职业发展有着至关重要的影响。你一定要善待自己的第一份工作，学会利用公司的资源学会这些技能。我的朋友乔安娜曾经是位研究助理，后来她成了销售代表，她的经历就是这方面的一个很好的例子：

➡ 可通用技能：公共演讲。

➡ 目标：提高演示能力。

➡ 我想做什么：为公司培训部门提供三门关于监测微博的培训课程。

➡ 这样做的原因：锻炼自己的公共演讲能力，为明年秋天从事的销售工作做好准备。

➡ 什么时候去做：持续一个培训季，大概6个月。

➡ 评判自己成功的标准：请培训部门对我的第一门课程和第三门课程的表现进行评估。如果得分高，说明我成功了。

即使你已经掌握了一些基本的技能，但你还是需要很多的练习，同时要学习新的技能。如果你希望在职场上有一定的竞争力，那么你就要坚持学习。你要时刻记得自己的职能，并尽最大努力去了解公司和行业情况。每天抽出几分钟的时间上上网，寻找一些和公司、行业有关的新闻和微博。无论你现在处于什么样的职位，你都要时刻关心公司和行业的发展变化。

另外，你一定要多参加一些公司提供的行业或者领导力课程的培训，尽量利用公司内部的轮岗或者其他部门的调派机会。你还要积极参加公司内部组织的委员会或者业余的活动，这样会让你的眼界开阔。

你要评估一下自己每个阶段的目标进展，通常三到六个月为一个周期。《多伦多星报》（Toronto Star）的专栏作家马克·斯瓦特（Mark Swartz）给职场新人提供了一些建议，他建议职场新人要定期梳理自己的工作，看一下哪些做法可取，哪些做法不可取。在梳理的过程中你要问自己以下的问题：

➜ 我现在的目标是否可行？

➜ 我有新的目标要去实现吗？

➜ 我是否要调整目标的次序？

➜ 新的次序是否会让我的工作重点发生变化？

➜ 我每天所做的事情是否有利于目标的实现？

➜ 我是否偏离了预定的轨道？

最后，你一定要保持积极乐观的态度。看看你收获了多少，不只是看还有多少目标没有实现。抽时间奖励自己一下，吃一顿想了很久的大餐，看球赛的时候给自己买个好位置，什么方式都可以，只要能够激励你将剩下的路走完。

将办公室当作训练场

> 几年前，我在一家金融公司做客服代表，每天看着高级客户顾问们忙碌着，我却什么都不能做。一天晚上，我去参加妈妈为她的好朋友举办的晚餐派对，其中的一位客人刚刚离婚，正要调整自己的投资方案，我立刻向她推荐了我所在的公司。回到公司后，我立刻请了一位高级理财专家跟进这个客户，这给对方的印象很深刻，最后她要求我全权负责她的所有投资。而且，出乎我意料的是，这个客户是一位非常有钱的艺术家，就这样，我为公司介绍了一个大客户。
>
> 梅拉妮 25岁 亚利桑那州

很多刚开始工作的年轻人，都希望立刻就有一番成就，想向公司证明聘请自己是多么值得的一件事。但是我的建议是，你要先等等，你想要为公司创造价值是一件很好的事情，但是，你一定要先想明白几件事。

当你入职之后，在你计划做什么前，你一定要先了解清楚公司的情况。你要明白，没有人会指望你刚开始工作就能够做出惊人的贡献。事实上，你若是这样做了，反而会被同事看作是"出头鸟"，你就会被大家嫉妒。还有，你在表现自己之前，你要先了解一下你的上司的性格。虽然很多上司都希望他的下属能够独当一面，但是有些人还是喜欢听话的下属。如果你过于主动，他可能会觉得受到了威胁。作为职场新人，如果你想表现自己的能力，那你最好先从小事做起。

你可以问问自己，现在你的公司和你的部门最需要的是什么？你要如何通过自己的特长来为公司和部门做出贡献。如果你是个全才，什么都能做，但是你要先记得，首先你是一个新人。你能立刻就解决困扰了经理几个月的难题吗？还是你找到更快更好的工作方式？

记得我刚进入一家公关公司工作的时候，我发现大家都不使用模板，很多文件，比如活动报告、产品发布计划等都是从头开始。同事们并不排斥使用模板，他们只是没有想到而已。我相信我以前在公司使用的模板能够给大家减少工作量，但是我并不希望大家觉得我是在抢风头，因此我只是在我自己的项目中试用，渐渐地，大家都觉得这种方法非常省时省力，而且能够提高工作水平，于是他们也开始使用模板。就这样，不知不觉中我在大家心目中留下了很好的印象。

记住，你给公司创造的效益，一定要大于公司给你发放的薪水。管理层很现实，他们所看重的，不是你付出了多少的努力，而是你给公司带来了怎样的效益。因此你最好将精力放在那些如何为公司带来直接效益的事情上。

职业顾问布鲁斯·塔尔干建议新员工，一定要留意身边可能出现的机会，哪怕这个机会是来自其他的部门。比如，即使你并不是销售部的人，你也可以和周围的人介绍你公司的业务，说不准哪天就会为公司带来业务。如果你当初是利用人脉进的公司，那么你现在可以利用人脉拓展公司的新业务。

大部分的年轻人，他们都有充足的干劲，他们相信，要想实现自己的梦想，就一定要辞掉工作去追寻梦想。但是根本没有这样做的必要，因为，现在很多公司都有内部创业计划，很多大公司都允许员工利用本公司的资源去实现自己的创业梦想，关键在于你要有足够的能力和热情将自己的梦想变成现实。对于这个问题，英国专栏作家克莱尔·迪特（Clare Dight）给出了以下建议。

➜ 当你确定了某些想法或者计划之后，你可以先让一些朋友给出评估，比如向公司的高级经理或者技术专家请教。

➜ 要做好准备，先写出一份商业计划书。在向别人解释你的计划的时候，一定要说明白你的想法。

➜ 不要坚持独自努力。你要知道，成立一个创业团队是非常重要的。

➜ 不要害怕犯错误。你要学会接受挫折，要接受事实。

➜ 学会放手。即使你的创意能够给公司带来几十亿元的利润，但是如果你没有办法让其他人接受这个计划，你就要学会放手。

事实上，即使公司有资源可以提供给你，你也一定要明白公司内部创业比你想象的难上很多。因此，我给你的建议是，你需要等待一段时间，等你自己站稳脚跟，你的能力得到大家的认可之后，再提出你的创业想法。尽管这样，你还是需要很大的勇气，因为很多公司的高层喜欢的是维持现状，他们会认为你不是一个务实的人。最好的办法就是做出细致的准备，尽你最大的努力让公司更多的人相信，你的计划可以给公司带来效益，然后说服每一个决策者，直到争取到足够的支持者。

我曾经在一家世界500强的公司任职，我参加过一次公司的年会。当时，CEO将一个沙滩排球扔给大家，然后排球就在同事们的手上传来传去，足有五分钟之久。最后，CEO叫停，将球拿回到自己的手上。"接下来我会将球再次扔出去，"他清楚地说道，"我希望这次接到球的人不要将球传给别人，而是握在自己的手中。我希望你将这个球看作是公司客户的问题，不要将它推来推去，而是要想办法将它解决。"

无论哪家公司，都有很多"喜欢传球的人"。有时，我会认为电子邮件的转发功能就是为这些人准备的。如果有人向你提出一个问题，但是你并不知道答案，我的建议是你先去搞清楚答案是什么。很多人喜欢将问题推给其他人，尤其是提问的人并不重要，或者对方提出的问题并不是你的业务范畴时，更会如此。但是，如果你能稍微用心一点，主动帮对方找到问题的答案，无疑，你的形象会更加高大。

有时，打来电话的客户已经很火大了，因为她已经被转给三四个人了，但是没有一个人能给她解决问题。你一定不要低估自己的能力，然后给对方回复一个让她满意的答案。通常情况下，当客户的问题解决之后，她会表示自己的感谢之情，甚至给你的上司发一封邮件表示感谢，这样，无形当中，你就给你的上司留下了一个很好的印象。实际上，你可以换个角度想一下，你今天做的事情，在未来的某一天一定会给你带来回馈的。

你要记得，发挥主动性也要结合你的实际情况。但是只要有机会，你就应该更多地为公司提供服务，如果你的经验和能力都不足，你可以先从小事做起。你要将自己的每一个同事都当作是客户，你做的每一件事情都要有始有终。如果有些问题你无法解决，就诚恳地向其他同事寻求解决之道。如果有一个项目需要你跟进进度，你一定要时刻关注其进度，直到项目顺利完成。你一定要确保自己当经理问你"那件事情进展如何"时能够立即回答。一定要主动和领导沟通项目的进展情况，不要等到对方来问你。你要知道，你做的所有这些都在表明一件事情：你完全能够在无人监视的情况下完成工作。

切忌做无名英雄

真是太不可置信了，我没有被提升的原因是因为我工作得太努力了！每天，我都在我的工作间里忙得不可开交，每次有人过来和我聊天，我都会因为工作繁忙而匆匆应对几句。我没有到处宣扬自己到底做了多少工作，因为我觉得事情是很明显的。直到有一天，上司辞职了，部门经理将上司的职位给了一个干活没有我一半多的女同事。我鼓起勇气询问了经理，直到那个时候我才明白，原来我的老板根本不知道我做了什么，他只知道我每天都在自己的一方天地里，完全没有融入团队中。

克劳德 28岁 魁北克

　　我在第一章的时候就强调过，你要学会展示自己的能力和成就，并且建议你要做自己的公关专家，包装自己。在你面试的时候这一点很容易做到，因为当时大家的目光都在你的身上，大家都关注着你做了什么。但是，进了办公室之后，人们的注意力分散到了很多地方，这个时候你就要学会与其他各种噪声竞争。如果你只知道埋头干活这是远远不够的，如果想要人们注意到你，你就一定要让他们看到你做的事情。

　　这说起来看似简单，实际上很难做到，尤其是对于刚刚参加工作的人来说。当你上学的时候，你成绩的好坏全凭你个人，如果你努力学习，认真考试，就能够取得很好的成绩，没有人会阻碍到你。事实上，你完全不需要将自己的分数告诉别人，尤其是当其他人的分数比较高的时候。但是，当你进入一所公司的时候，情况就完全不同了。关键的一点不在于你做了多少工作，而是别人感觉你做了多少。你一定不要埋头苦干，尤其是你刚进入一家新公司，而99%的同事都不了解你的时候。无论你付出多少努力，如果没有人看到你的努力，你所做的一切都将是毫无意义的。

　　你要如何做才能让其他人不会认为你是在出风头呢？最主要的就是你要有热情。如果你在描述一件工作的时候强调的是自己的热情，别人会觉得你只是比较兴奋。一个兴奋的人很容易让人觉得真诚，因此不可能对你挑三拣四。不信你可以对你的上司试一下，即使你说错话，或者胡吹乱侃，都没关系，因为你的上司知道你在做什么。但是当你告诉其他人你的成绩的时候，你一定要谨慎说话，你可以采用以下的方法，很简单，但是效果很好。

邮件样本1：

你可以将这封表扬自己业绩的邮件发送给你公司的主管层，同事抄送给其他的同事，你要注意，在邮件中你不要使用"我"，而是"我们"：

To：管理层

主题：Fab客户进展

内容：对于这位客户，我们已经基本拿下了，如果后续工作需要跟进，请随时吩咐我。

邮件样本2：

请其他部门了解你的同事将你的业绩告诉你的上司：

To：非常欣赏你的人

主题：感谢

内容：非常感谢你对我的评价，很高兴能够帮助到你。我想，经理约翰·史密斯知道这件事一定会很高兴。如果方便，请将你的反馈转告他。

邮件样本3：

用感谢信发送方式凸显你的成功，感谢对方和你共同完成这个项目：

To：和你共同完成项目的人

主题：致谢

内容：借此机会，我想向肖恩和斯图表达我的感谢之情，感谢你们和我并肩作战。正是由于你们的努力，我们才能与这两家客户建立合作。再次感谢！

一开始的时候，做这些事情可能会让你感到奇怪，毕竟，人们都不善于夸奖自己。但是你一定要相信，多做几次这样的事情你就会习惯了。我的一位导师曾经说过，你要学会跳出自己的舒适区域，慢慢地你就会变得强大。

最后，我再强调一点，你一定要经常贡献一些新想法，但是同时你也要做好准备，因为你的想法变成现实的可能性非常小。因为在大公司中，决策都是由高层确定的，所以，即使你的想法没有被落实，你也不要太沮丧，这是很正常的。你的目标是让你的领导看到你的努力，只要做到这一点就足够了。

一定要学会的冒险课

你要学会冒险，但要记得是谨慎的冒险，因为一旦你的冒险成功，你就能够在很短的时间内获得巨大的成功，而且能够体会到一种巨大的满足感。

《探路者》（*Pathfinders*）的作者盖尔·希斯（Gail Sheehy）在书中提出这样的建议，真正有抱负的人要敢于在职业生涯中承担风险。

对于冒险，哈里·钱伯斯这样定义，就是在适当的时机直面问题，采取适当的办法，并切实承担最终的结果。当你还是一个小人物的时候，你的每一个小决定中都潜藏着巨大的风险，同时你还要注意不要得罪某位同事。例如，当你的上司在处理其他同事的投诉的时候，你最好离得远远的。

那么，对于初入职场的人来说，什么时候来冒点险呢？你很难知道什么时候机会会找到你，因此你要做的就是确切知道什么是"适当的风险"。这样，在你繁忙的工作当中，你就能准确抓住机会，并且做出适当的判断。对于如何判断"适当的风险"，钱伯斯给出了以下建议：

➜ 你当下的问题是什么？

➜ 可能会给你带来哪些积极的结果，是否能让你升职？

➜ 可能会带来哪些消极的后果？一旦出现糟糕的情况，最严重的情况下会给你的职业生涯带来怎样的影响？你能够承担的最大风险是什么？一旦失败，是否会给你的职业生涯带来永久的伤害？

➜ 你怎样判断情况是向着糟糕的方向发展的？你能否及时发现这一迹象，并且及时避免可能会给你的职业生涯带来的灾难？

➜ 你会如何处理消极的后果？一旦事情不理想，你是否准备了应急方案？

每个人在他的职业生涯中都会面临各种压力，尤其是当风险出现，你必须采取应急措施的时候，更是如此。

世界著名心理学家阿尔伯特·埃利斯（Albert Ellis）认为，如果你想克服风险的恐惧感，那么最好的办法就是"选择，而不是需要一个成功的结果"。是的，如果事情失败了，或许你的职业生涯会受到影响，但是，你不要忘记，事情也很可能会成功。

你可以换种心态来想：如果你拒绝承担风险，你就可能永远都无法克服对风险的恐惧。你的职业生涯将变得索然无味。生命短暂，这样的人生真是太浪费了。

另外，你要知道，你面对危机的方式正体现了你的品行。如果你很谨慎，别人会觉得你优柔寡断，但是如果你充满自信，他们就会相信你。但是不管怎样，你都不要怀疑自己，否则，你会让别人对你的信任立时消失。

一定要向着问题出现的方向发起反击，即使结果并不是很理想，但是没有人会指责你。而且，一旦你的计划失败，不要将所有的问题都揽到自己的身上。计划失败，不意味着你个人能力有问题，也不意味着以后你无法承担类似的任务。你一定要坦诚，对于该认错的地方，你一定要认错。人非圣贤，孰能无过，改了就行了。

让其他人都看到你

> 我所在的市场调研公司效率非常低，我一直不明白这样怎么赚钱！我列了一份清单交给了公司，详细列出我和其他同事在网上搜索浪费的时间，公司立刻问我有什么建议。我告诉公司，我们应该安装一套软件来完成这些工作，公司非常感兴趣，又问了我一些其他的问题，但是我却不知道怎么回答。我想我并没有将这件事情想清楚。事后想一下，我的行为只是在抱怨，而不是在积极寻找解决问题的方法。
>
> 格雷戈 23岁 马萨诸塞州

记住，遇到问题，想出解决方案，并且立刻行动，这是你要培养的职业素养之一。如果你只是刚开始工作，并没有很多事情需要解决，但是如果你能尽快形成这样的好习惯，那么在将来的时候，当你遇到问题的时候就会更加从容。

往往，当问题出现后，我们会将它推给别人，但是，如果你能够想出解决的方案，尤其是那些其他人也没有遇到过的问题，相信你会被你的上司刮目相看。当然，大部分人都不是天生就善于解决问题的人，有些人喜欢拖延，有些人遇到问题就会变得不理智，但是，不管怎样，如果一个人遇到问题的时候选择的是逃避，那么机会永远只会与他擦肩而过。我的建议是，即使你的决定是错误的，也比什么都不做要好。

其实，解决问题只需要四个步骤，下面我们看一下具体内容。假设，你是一家大型广告公司的客服人员，你负责的对象是一家全国性的大银行。圣诞节马上就要到了，你的客户告诉你，他们的营销部发生了一些变化，因此希望你们公司能够筹划一些富有创意的市场活动，并且尽快给他们做出演示。不幸的是，演示要在圣诞节之后完成，但是这个时候你的上司休假了。是否能留住这个客户，关键就看你了。你会怎么办？首先，你先深呼吸，平静一下你的情绪。要解决这个棘手的问题，你必须保持清醒的头脑，你必须在整个过程当中像一个超级明星那样光芒四射。具体方法如下：

第一步：清晰、具体地定义当下的难题。

自问一下，问题到底是什么？时间很短暂，不到一个星期了，部门里的大部分同事都在休假，我们要重新修改现有的方案，并演示一次，详细筹划未来一年的广告计划。我既没有权力命令其他人，也没有足够的知识来单独完成这次演示。

这些问题是客观存在的吗？确实是。我并没有夸大问题的严重性，客户确实要求我下周做出详细的演示。

解决这个问题对我有什么好处？通过解决这个问题，我能向公司高层证明自己的能力，而且，借此机会我可以和客户建立积极良好的合作关系。

第二步：面对当下的问题，头脑风暴出多个解决方案。

解决方案有哪些呢？

1. 我可以汇报给公司的最高执行官，请他做决定。

2. 我可以打电话给正在度假的上司，向他阐述当下的问题，希望他能立刻回来处理。

3. 最近我的上司刚刚经历了一次类似的问题，他请了一位兼职人员来处理那件事情。我可以通过他的地址簿里的联系方式找到这个兼职人员，请他来处理。

4. 我可以和其他部门那些更有经验的客户经理一起头脑风暴，并根据他们的建议做出一份可行的计划书，然后交给高级管理者。

上面提到的这四种方法中，是否有不可行的？除了第三种方法，其他三种方法都是非常实用的。按照我现在的级别，我根本就没有权力花几千美元去请外援，并且，没有高级管理层的批准，我不可以将项目信息透露给非公司内部人士知道。

第三步：评估各种解决方案，权衡利弊，选择一个最佳的解决方案。

上面提到的三种解决方案，其各自的利弊在哪里？

方案1的利：对于这种重大的事情，我完全可以将其推给高层。我不想将自己置于一个危险的境地，还是回家享受平静安稳的生活吧！

方案1的弊：如果我仅仅是提出了问题，但是并没有给出相应的解决办法，高层会认为我的个人能力有问题，而且，这样做对我职业的发展没有任何好处。

方案2的利：我的上司是处理这个问题的最佳人选，他常年和这类客户打交道，经验丰富，而且也是处理这种问题的能手，这样做，我不需要承担任何责任。

方案2的弊：虽然对于这个方案上司很理解我，但是他一定不会高兴，而且我还失去了一次彰显自己解决问题的能力，表现自己的敬业精神和职业道德的机会。

方案4的利：如果我能在上司度假的这段时间内解决好这个问题，那么我就会给对方留下一个很好的印象，而且公司的高层也会看到我的能力。这次的危机事件可能是我晋升为客户经理的一次难得的机遇。

方案4的弊：对于此类问题，我没有足够的经验，因此我很可能会犯错误。而且客户经理、我的上司，还有公司的上层领导，都会觉得我越权。

那么，权衡了利弊，这三个方案哪个才是最好的方案呢？经过一番分析，我认为方案4是最好的选择，因为即使失败，方案4也是负面影响最小的。我们可以通过寻求其他人的帮助来将风险降到最低。

第四步：实施你的方案。

具体做法如下：

1. 和所有还在工作岗位上的客户经理进行一次1小时的头脑风暴。

2. 将头脑风暴总结成一个简单的策划案。

3. 将策划案交给公司的领导层，请他们批示。

是否需要准备应急方案？一旦情况超出你的控制，你随时都可以请一位高级执行官来接手工作。至少到那个时候每个人都知道你已经做了一切能做的。

当问题解决之后，你最好抽出时间做个总结。如果事情成功了，你就要问问自己为什么能够成功，并在你的工作总结中将此案例写上，在和你的上司面谈你未来的职业目标的时候，你也记得提出这件事情。你一定要记得，在表述这件事情的时候，你要同时感谢那些给予你帮助的人，一旦对方有所需求，你也要提供相应的帮助。

如果你没有成功，也不要气馁，不要将这段经历当作是自己的失败，这只能说明你做了一个不太有效的选择。不要忘记，你的职业生涯才刚刚开始，你完全可以振作起来，继续迎接下一次的挑战。你要对自己的选择承担后果，但是不要过于抱歉。你只有对自己持有足够的信心，别人才不会对你失望。

小 结

　　善于利用眼下的工作机会。你可以利用当下工作的机会获得一些必要的职业技能和经验，为未来实现人生目标打下基础。你要为自己确定具体、明确、可实现的目标，这对你未来的发展至关重要。

　　明确公司和部门的需求，确保自己能够提供此方面的贡献。你要问问自己，目前公司和你的部门需要的是什么，你怎么做才能利用自己的优势来帮助他们。一定要让大家都看到你的努力。

　　学会适当冒险。伴随着危机而来的是机遇。如果你总是瞻前顾后，就会给人留下优柔寡断、缺乏决断力的印象，你要充满自信，即使错了也没有关系。

　　学会高效地解决问题。要记住解决问题的四个步骤：清楚定义问题；尽可能多地想出解决问题的方案，并评估各种方案的利弊；选择最适合的方案，并尽快采取行动。

让全世界都看见你

They Don't Teache

Corporate

in College

CHAPTER **5** **掌控你的时间**

在这里，我将教给你如何高效地管理每天8个小时的工作时间，包括有效管理时间，合理安排工作，以及如何进行高效沟通。对于这些问题，你只需要在空闲的时候稍微思考一下，然后将它们从习惯培养成本能反应，并且，在你每天开始工作之前做好你的规划。我相信，你很快就会发现，越是在工作中掌握主动权，你得到的收获就会越多，同时，你的工作就会更加轻松。

时间都去哪儿了？

刚开始工作的时候，我努力将每一件事情都做好，因为我相信，如果我哪件事情做得不好，我就可能会"不及格"。后来，我终于意识到，我根本不能这样做，如果想在公司中站稳脚跟，我就必须将工作的轻重缓急列举出来。有些事情你可以忽略掉，如果一件事情相比于其他事情并不重要，那么即便你不做也不会有人注意到，既然如此，你为什么要在这件事上费这么多的心思呢？

我们都是普通人，只要你不希望自己"过劳死"，那么你就不要奢望自己能够将所有事情都做好。如果你觉得自己根本无法支配自己的时间，那么你就要反问自己，你真的要这样吗？你的上司每天都在盯着你吗？当然不是，他也有他自己的工作要做。

事实上，无论上司交给你多少事情，在这个世界上，能够真正掌握你的工作日程的人，只有你自己。

你要明白，每天忙得马不停蹄并不会让你觉得幸福，也不会使你的职业满意度有所提升。那样的繁忙只会让你感到疲惫，让你厌倦，让你倍感压力，却毫无斗志，你根本无法实现自己的长期职业目标。

还记得我工作的第一年，每天我都是焦头烂额，甚至连我的头发都竖起来了。我希望所有人都喜欢我，因此几乎所有人交代给我的任务我都争取全部解决掉。天啊，当时我的月工资只有2200美元。每天，我想的都是努力工作，然后很快我就会得到提升、加薪，但是结果呢，这些都没有我的份儿。当时，我并不明白，即使我每天完成700件不重要的琐事，也不会让我的职业技能得到任何提高，自然就不会有加薪升职。

因此，如果你希望自己的努力能够转化成现实的东西，你就一定要学会如何管理自己的时间和精力。你要根据自己的职业规划安排自己每天的工作。那么到底哪些事情是重要的呢？

通常情况下，你的工作都是围绕你想要得到的结果展开的。我的朋友罗一直想在农场生活，大学的时候他学的是酒店管理，他的第一份工作是酒店的前台，他的目标是学习一些管理乡村酒店所必需的技能。在担任酒店前台的时间里，每天他都在和客服人员学习如何和客人打交道。几年之后，罗来到了一家农场，他实现了自己的长期目标。

在日常的工作中，学习一些对自己长期发展有用的东西，这听上去很不错。但是具体要怎么做呢？史蒂芬·柯维在他的著作《高效能人士的七个习惯》中，给出来了相关的建议，他建议将工作分成四类：

➡ 第一类：紧急重要的工作，这类工作能够让你保住自己在单位的地位。

➡ 第二类：不紧急但重要的工作，这类工作能够促进你的职业生涯，会让你得到升职和加薪。

➡ 第三类：紧急不重要的工作，这类工作会让你成为团队中的主心骨。

➡ 第四类：不紧急不重要的工作，这类工作如果处理不好，可能会导致你被解雇。

根据柯维的定义，所谓的紧急，指的是"那些人们都能看到，而且必须立刻解决的事情"。它关乎的是你的个人使命，决定着你是否能够实现自己的目标。如果你每天都埋头处理各种事情，说明你将90%的时间用在了第一类和第三类的工作上了。对于那些没有责任心的人来说，他们每天处理的都是第四类工作。当你学会有效管理你的时间后，你就能够完全摆脱第四类工作，减少第一类和第三类工作上投入的时间和精力，你就能有更多的时间处理第二类工作。我的建议是，每个星期你都抽出一些时间来计划下一周的工作，尽量多安排第二类工作，空出一定的时间去处理第一类和第三类工作。每天都要检查一下自己的时间利用情况，并对自己的表现进行评估。记住，你的评估一定要灵活，因为现实不可能完全按照你的计划进行，而且每个人的工作状态都会有起伏。

最基本的方法就是给自己列一张工作清单，然后将上面的工作分成四类，再想一下哪些任务可以划掉，哪些可以延后做，哪些可以交给别人做。在处理第一类和第三类工作的时候，你要想一下，怎么做才能用最小的投入获得最好的结果。你要熟记部门的工作流程和你的工作特点。例如：如果你的部门每周二的早晨举行例会，你就要在周一即将下班的时候整理一下工作，这样在周二的例会上你就可以汇报最新的工作进度。如果，你在早上的工作效率很高，那么你可以在周二的早上提前一个小时来到办公室准备好你的工作内容。

通常，新人都是工作最多最累，而薪水拿得最少的，这个时候你可能会觉得失落。但是，学会有效地管理时间能够让你在最短的时间实现你的目标，你每天的工作就都会有一种目标感。

学会说"不"

　　年轻的你，办公室里的新人，级别也最低，很多人都可以成为你的上司。每个人都可以给你分配工作，你要处理的工作也会越来越多。很多年长（但不见得有智慧）的经理没有丝毫的怜悯之情，他们最大的乐趣就是看着那些年轻的、急于讨好其他同事的新人忙得不可开交。事实上，就算你的工作效率非常高，你也不可能变成超人。因此你一定不要因为对方提出了要求，就忘记自己的目标，这也就要求你必须学会说"不"。

　　在办公室里说"不"是一门学问。因为，你一定不希望新同事将你定义成是个没有能力的人，因此，最好的办法就是你最好不要落到不得不拒绝别人的境地。

　　首先，你要和你的上司明确你的职责范畴，了解清楚哪些人有权力给你分配工作，并记住每个人大概都会给你分配怎样的任务。举个例子，乔要你处理一大堆的文件，但他并不是团队中有权给你分配工作的人，这个时候，你该怎么办？你可以礼貌地告诉乔，虽然你很乐意帮助他，但他还是要和你的直接上司沟通一下。可能乔会坚持，也可能就此放弃，但是不管怎样，你都不会陷入尴尬的境地，并且能够将主动权转给你的上司。你的上司可能会直接将乔的指派拒绝，尤其是处理这些文件的工作并不是你的职责范畴的时候。

再比如，简是一个重要的人物，她给你指派了一份工作，并且要求你在周末之前做完。简接到这份任务已经好几天了，但是她拖到了现在才开始处理，而且今天是星期五，她要求你周末之前做完，这个时候正像妈妈告诉我们的那样，"不要因为别人的错误接受惩罚"。如果你的"工作清单"上列着你还有其他重要的事情需要处理，你就要告诉简，你很乐意为她效劳，但是你现在正忙着帮助汤姆处理他的项目。让她选择是和汤姆还是你的上司协商，或者她自己处理，同时再次强调你很乐意帮她的忙。理想的情况下，简会相信你很愿意帮助她，但是由于时间冲突，因此只好作罢。

如果你的上司交给了你一件十分紧迫，但是你根本无法完成的工作，你该怎么办？很简单，你只要和他请示如何安排工作的轻重缓急就可以了。你可以这样说："我很乐意为您处理这件事情，但是您今天安排我帮杰克准备他的演示。你觉得我先处理哪件工作比较好？"如果你的上司安排你先处理他的工作，这是他的权力，而你一定要将这件事告诉杰克。

记住，不管怎样，你都会拒绝一些人，但是，你一定要让对方觉得你非常热情勤奋，很愿意帮助任何人，你不得不拒绝，完全是从公司或部门的利益出发的。

最后再补充一点：仆人心态并不是最好的管理时间的方式。

如果你养成了上司一下达任务就立刻行动的习惯，那么他们就会期待你一直是这样的。这样，他们就会将第三类工作（紧急不重要）都交给你做，这样，你处理第二类工作（重要不紧急，比如技能培养）的时间就会越来越少。

记住，从整体上来，应该优先处理第二类工作，而不是第三类工作，因此，不管你的工作多么繁忙，都要抽出时间去处理第二类工作。感觉不太容易吧？最好的方法是，详细记录下你处理第三类工作所用的时间。例如，你为上司创建新的数据库用了至少一个小时的时间，那么你可以在你下班之前交给他。另外，不要一空闲下来就询问是否有新的工作安排，你可以利用一些时间了解一下公司的产品，接受一些培训，或者和你的导师聊一聊。

当然，你很难完全摆脱第三类工作，将全部精力用在第二类工作上。我建议你可以换个角度想一下：你终究还是要拒绝一些人，拒绝一些工作，要么是重要的，要么是不重要的，所以，你自己决定吧。

战胜拖延症

很多人都有拖延的毛病。有的时候，你明明知道事情很重要，但你就是不想开始。当你在工作的时候，你会很容易选择那些简单又有趣的事情先做，比如和同事聊天或者给朋友发信息等。但是，如果你在处理任务的时候，显得过于懒散，那么你就基本没有时间处理第二类工作。

拖延是很简单的事情，比如，你下午有一个很重要的计划要做，但你还是忍不住在吃午饭的时候和同事多聊一会儿，结果很明显：你推后了完成任务的时间，那么处理其他事情的时间自然相应减少。

要想解决拖延的问题，首先你要承认自己拖延。问一下你自己，为什么你总是逃避你的工作？是因为这件工作根本不值得去做，还是你觉得最终得到的结果不值得你付出这么多的时间和精力？如果是因为这样，你可以再思考一下是否要做这件事。如果你觉得这件事真的很重要，那你就应该管好自己，立刻开始做。

下面是拖延工作的人常用的几种理由，以及我对每种理由给出的建议：

1. 等一会儿再做。想一下，你愿意因为一时的拖延，打乱你所有的计划吗？既然早晚都要做，那么何不现在就开始。

2. 这个工作真是太枯燥了，你想做更有趣的工作。这个时候，你要想一下你的总体规划。有的时候，最值得做的事情通常是最耗费精力的，同时，也会给你带来最大的价值。另外，如果推迟做这个工作会给你带来罪恶感的话，那你为什么不立刻开始做呢?

3. 你担心这件工作太难或者花费你太多的时间。其实,你拖延的每一分钟都可以用在完成这件工作上。这件工作并不是一条看不到尽头的隧道,你可以将它分成几个小部分,然后一步一步完成,你会发现这也不是很难。

4. 你不知道怎么开始。从最简单的地方开始,用最短的时间完成这部分,这样你就会变得有动力,这件工作也变得没那么难。

每次完成一件事情的时候,你都要奖励自己一下。不要立刻开始下一件工作,留出一段空闲时间休息一下。当你确定工作成功之后你会获得相应的奖励,那么做完一项工作就不会变得很漫长。例如:当我写作这本书的时候,我一直告诉自己,完成一章之后我就会奖励自己看几个小时的电影,或者玩一会自己喜欢的游戏。记住,一张一弛,文武之道,不懂得劳逸结合的人生活会变得很无聊。

高效地度过每一天

在有了微软软件之后,我成为了安排团队会议的专家,你要知道,我的团队成员来自美国的四个分公司,散布在美国的每一个地区。不知道为什么,每一次会议我都会觉得推动了项目的进展。直到第五次会议结束的时候，我才意识到原来这五次会议我们讨论的都是一个问题，但是从来没有做过任何有价值的决定或者可实行的方案。我们一直在原地踏步，项目没有任何的进展。反而是这些会议严重耽误了我们的工作进程，因为大家必须放下手头的工作来开会。

赛思　27岁　得克萨斯州

你有没有发现，那些工作压力大的人往往多是工作没有条理的人？当你的MSN不停地在闪烁的时候，你就会忘记自己跟进的一个重要项目或者一份重要的文件。其实，你完全可以将这种情况改变。一旦你学会了安排手头的工作，你就会变得更加高效，更加自信，更加可靠。而且，你会变得没有那么大的工作压力，你会倍感轻松，工作起来也更加从容。

不得不承认，条理性是一个很奇怪的东西，有些人天生就具有条理性，如果你属于这种人，那么恭喜你，你就可以跳过这部分了。如果你不是一个天生就有条理性的人，恐怕你会觉得我的建议听上去简单，实际操作起来很难。尽管如此，我还是建议你坚持将下面的内容看完。如果你记住其中的一条，哪怕只是一条，并且坚持下来，相信你会终身受益。

我提到过，在刚开始工作的时候要养成一些良好的习惯，首先要从你的办公桌开始。千万不要以为凌乱的办公桌会让人觉得你很忙碌，工作努力。你要明白，你的上司是根据你的业绩来决定是否加薪，是否升职的，而不是根据你的忙碌程度。对于一个每天都要处理大量信息的人来说，想要保持桌面整洁是一件很难的事情。但是我建议你将每一份放到桌面的文件都当作是一只跑进你家厨房的害虫，而你的工作就是要解决这些害虫，要么放进垃圾桶，要么尽快处理。你桌面上唯一保存的东西，是跟你一直都在处理的工作相关的东西，其他一切不相关的东西就需要立刻处理掉。

你的电子邮箱也要如此。你要立刻删除那些不需要的邮件，对于一封需要处理的邮件你知道怎么做，那你最好立刻处理完，养成这样的习惯。通过邮件收到一个新任务的时候，千万不要耽搁，立刻将它放入"工作清单"中。如果某件事情需要你过段时间跟进，那么建议你将这件事情放到每天都检查的工作日志中。

我每次和那些不回邮件的人打交道的时候，总是觉得很沮丧。即使我在邮件上标明"加急"，对方都会通过自动回复告诉我"暂时不在办公室"。是的，他们这样有他们的理由，但是，如果连我都知道他们没有经常检查邮箱的习惯，那么他们的上司也一定知道他们的这个问题，长此以往，在上司心中的形象就会受到影响，所以，你千万不要犯这种低级的错误。如果你不是生病请假或者在节假日的时候，那么你每天都要检查一下邮箱，读一下邮件，并及时回复。

现在，办公软件和在线内容管理系统都会帮助你提升工作条理性。比如，微软的Outlook就可以设定任务提醒功能，告诉你哪些工作马上就要到最后期限了。你还可以根据自己的习惯设计一些提醒的方式，越简单越好。

一些年轻人告诉我，对于他们来说同时协调几件事情或几个人，比较困难。但是，这种能力是很重要的。下面是我的经验总结。

第一步：制定任务框架。

当我接到任务的时候，首先考虑的是这个任务的分量，以及该用怎样的方式去处理。然后我会制定出一个大致的方案，将整个任务分成多个小任务。

第二步：召开第一次项目会议。

通过项目会议可以将任务分配变成一次团队活动。我会和我的团队进行头脑风暴，对于每个环节找到最好的解决办法。我会激励大家以高昂的斗志投入到工作中。注意，对于参会人员一定要有选择性。虽然，我非常喜欢和同事们相处，但这毕竟是会议而不是派对，真正的工作都是在会议室外完成的，我无法只靠动动嘴就完成工作。总体来说，在邀请人员开会的时候，我会确保会议能够实现以下几个目标：

➡ 激发创意，以帮助团队制定一份适当的项目方案。

➡ 任务分解，确保每个环节都有相应的负责人。

➡ 通报最新情况，确保每个人都知道其他人在做什么，并为下一步的工作做好准备。

第三步：列出项目表格

第一次项目会议之后，我会列出一张项目表格，列出每个步骤以及相关的负责人。每天，我会检查表格，确定每个人都能够在规定日期完成他所负责的部分。

第四步：做好沟通。

如果希望一个项目能够顺利进行，团队成员之间就要建立一种高效的沟通机制。我会将项目进度表放到共享服务器中，所有的人，包括我的上司，都能够根据手头工作的进度访问、修改项目进度表。这样，既能够确定每个人都清楚自己的项目进度，而且也能够了解其他人的工作进展情况。

或许你是一个经验丰富的项目负责人，或者你只是一个刚进入职场的新人，无论怎样，你都要学会激励团队中的每个人，大家相互信任，互相配合，这样，你很快就会成为一个团队的高效领导者，为将来承担更大的责任做好准备。

高效沟通

大部分的人都觉得沟通是一件很简单的事情，不需要学习。例如，很多经理在派新员工去拜访客户的时候都会对其进行系统的培训，他会告诉新员工要和客户说什么，但是，往往经理们都会忘记告诉员工这些话该怎么说。这听上去有点不可思议。你要知道，如果你的这位员工不善于沟通，就可能被拒之门外，他也就根本没有时间去和客户介绍你们的产品。

在办公室中也是如此，即使你是全公司最聪明、最勤奋的员工，但是若你不会表达自己，其他同事也会对你退避三舍。那么，到底怎样才能做到好的沟通呢？这个问题我们稍后就会谈到，现在，我们先探讨一下沟通有哪几种常见的类型。

➡ 进攻型：采用这种沟通方式的人，往往会将所有的问题都推卸掉，会将所有的荣誉揽到自己的身上。这种人只会导致团队合作能力降低。

➡ 消极型：这种沟通方式无法让大家了解全局。采取这种沟通方式的人通常愿意和大家分享信息，不能积极主动地提供反馈，而且不会表达任何的不同意见。

➔ 自信型：采取这种方式的人往往不会去判断别人，通常会通过聊天的方式和别人沟通。他们的自控能力很强，在回应别人的时候往往会思考一下，会避免问题个人化，并且顾全大局。

我猜你一定碰到过很多进攻型和消极型的人，甚至他们很多还是公司的高层人士。但是，在正常的状态下，这两种沟通方式会对一个人的职业生涯产生影响，因为人们认为他们很难沟通。如果你的目标是成为公司的副总裁，你希望成为一名高效的沟通者，能够在公司里有一定的影响力，那么我建议你一定要学会表达自己，阐述自己的观点和想法，同时你还要尊重别人的想法。

不得不承认，我并不是一个天生的自信型沟通者，其实，我是一个相对消极的人。我认为，女性天生就比较容易消极，但是，只要你想学会清楚、自信地表达自己，真诚不虚假，我相信用不了多久你就会成为一名拥有领导才能的自信型沟通者。

如何判断出自己是否属于自信型沟通者呢？这很简单，在沟通的过程中，当对方表达出异议的时候，你就能够判断出来，自信型的沟通者能够理性地坚持自己的观点。那么，如果不属于这种类型，该怎样做才能够将自己培养成自信型沟通者呢？亨德利·韦辛格（Hendrie Weisinger）在其著作《工作中的情感智商》（*Emotional Intelligence at Work*）中给出的建议是：

➡ 用事实来支持你的立场。

➡ 告诉对方你对他的看法完全理解。

➡ 重复你的立场（要前后一致，不必提高音量）。

➡ 如果你想将自己的感受告诉对方，你可以在此前加上"我觉得"的字样，比如"听说您不愿意将这个项目分配给我，我觉得有些失望"，而不是用责备的语气，比如"你居然不信任我能够处理好客户关系"。

➡ 尽量将你们的意见折中，并达成共识。

在进行重要的沟通之前，一定要做好准备。自信并不是让你每次开口表达观点都有新意。年长者对年轻人最常有的抱怨就是，自以为是，总希望能够说服其他人。记住，要尊重别人的经验和职业技能，他们能在这个公司中待这么长的时间，一定是有其原因的。在你开口说话之前，你首先要想清楚自己所有想表达的观点，然后找到最适合的表述方式。然后你要用一点时间想一下，你是否还有其他事情是要告诉大家的，有些事情现在说是否适合……你要记住，任何事情多想一想总是没有坏处的。即使犯错，我也希望你是因为自己的过于谨慎而犯的错。

仔细观察一下，看看你身边那些自信的人都是怎样做的。马克·斯瓦特给年轻人的建议是：在办公室中给自己找到几个榜样，并时刻观察他们是怎么与人沟通的。为什么上司总是能够听进去某个同事的建议？为什么你的主管在每次开会后都能给部门争取到更多的预算？然后将你新学会的技巧模仿出来，但是切记，要做适当的调整，毕竟你有着独特的个性，万不可照搬照抄。

接下来我们将谈谈三种主要的沟通方式，看看你该如何运用这些方式来推动自己职业生涯的发展。

邮件沟通

> 我给你的建议是，如果你不想自己的事情登上《华盛顿邮报》的头版，那么你就不要将它写进邮件中。曾经，我听到一位同事和另外一位同事在谈论自己刚刚离婚了的事情，她看上去很难过，于是我给她写了一封邮件来安慰她，并告诉她我完全理解她的心情。但是不幸的是，我在那封邮件中提到了自己的过去经历，谈到了前夫对我的不忠。但我没有想到的是，我将这份邮件抄送给了公司的所有同事。这是我这辈子干的最丢人的事情了。
>
> 希拉里 29岁 弗吉尼亚州

很多人有这样的想法，只要你不在大众传播行业工作，那么你就不需要太看重自己的写作能力。其实并不是这样，只是因为写作是商业上最没有得到应有重视的能力之一。是的，很多优秀的企业家也并不善于写作，因此你也不善于写作，这似乎并不会让你感到任何不方便。但是，既然你在阅读这本书，说明你是一个上进的人，你很希望给你的上司留下一个好的印象。要想达到这个目标，最便捷的途径就是提高你的写作能力。

关于如何写，这可以写成一本书，但在这里，我只想和大家分享两个简单的原则：

原则1：CC原则（清晰Clarity、简洁Concise）。

大部分的商界人士的注意力持续时间都比较短，因此，在每份文件的最前面写上一段简短的引言，陈述出你的观点，则是最好的。无论你要写的是一份常规的备忘录，还是一份重要的季度商业计划，一开始谈到的信息都应该是重要的，在后面补充上资料。一定要注意用词，要精确传达你的思想，尽量采用主动语态。做PPT的时候尽量减少字的数量，使用彩色的图形、表格、图片，这样才更能吸引观看者的注意力。

原则2：保证质量。

在这个世界上，没有什么东西是绝对完美的。你写好的资料一定要养成校对的习惯，随后还要让你的同事帮你再校对一遍。你经手的文件都要格式整洁，并且没有语法和拼写的错误。即使你是第十五个看到这份资料的人，你也要将看到的语法和拼写错误纠正过来。

大部分的书面沟通都是通过邮件进行的，因此情况可能会稍微复杂一些。即使这样，你也要遵守上面提到的两点原则。

再讲一个真实案例吧。一位来自美国一所著名大学的学生在国外学习，他给该校本科生事务委员会发来一封邮件咨询申请学生宿舍的事情。由于这个学生整个学期都在国外，因此负责人忘记了处理他的申请。这位学生很难过，因此，他通过邮件抱怨了一番。负责人开始为自己辩解，他将这份邮件转发给其他的同事，并且加了一句评论：这些狗娘养的小混球儿！全都被惯坏了，好像他们理所应当得到一切似的。不幸的是，负责人将这封邮件抄送给了这位学生，结果，无论他如何道歉，都没有得到原谅，本来就已经有些愤怒的学生将这封邮件抄送给了自己认识的每一个人，几个月之内，这封邮件就传遍了整个美国……

电子邮件可以成为你最亲密的朋友，同样也会成为你最可怕的敌人。对于电子邮件的使用，我的建议是：

1. 电子邮件不是私人物品。不仅公司的IT部门能够看到你的电子邮件，而且你根本不知道你会将它抄送给谁，可能是有意的，也可能是无意的。因此，一定不要在电子邮件中写有敏感的内容，除非你的上司要求你这样做，并且你谈论的都是事实。

2. 维持你的职业形象。邮件的语气要礼貌、友好，不要有语法和拼写错误。因为你不可能通过声调或者其他非言语信息来传达你的思想，因此，在发送邮件之前，你一定要仔细检查一下，以防出现任何愚蠢的错误。

3. 邮件要简短、直奔主题。主题的内容一定要明确表达出邮件的主旨。要将关键的信息放在前面，如果你要传达的信息有两三段长，你可以在邮件中标注重点，然后在附件中详细说明。

4. 用邮件强调两人面谈时的信息。利用邮件总结会议内容，或者补充一些重要的信息，以此来强调、确认你们已经沟通过的信息。

5. 不要通过邮件表达任何的不满，或者批评某个人。如果你要发牢骚，我的建议是面对面。如果你想在邮件中强调某件事，你可以强调正面的信息，最好你能够提出解决的方法。

6. 不要随便发邮件。要在必要的时候发邮件，不要随便无尽头地发邮件。

7. 必要的时候可以在邮件上加注"紧急"的标志，并且要求对方收到邮件后立刻回复。当你觉得你的收件人可能不太靠谱的时候，你可以在邮件上加注"紧急"的字样，并且要求对方收到邮件后立刻给你回复。

8. 注意礼貌。通常来说，年纪比较大的人更喜欢面对面的沟通，他们觉得一个距离自己只有3米远的人给自己发送邮件谈论事情，是一种没有礼貌的行为，因此，如果可以，不妨选择面对面沟通。

9. 点击发送之前确定收件人。在点击发送之前，你一定要确定收件人，千万不要将邮件发给错误的人。

10. 发送给私人的邮件务必私人化。如果你想给某位同事发送私人的邮件，那么你最好不要用工作的邮箱来发。

口头交流

> 每次下楼的时候，我都会随身带一本笔记本，也许在电梯里的时候，我会遇到某个想和我沟通的人。公司里每一个人都很忙，我没办法让他们回复我的邮件或者语音留言，想要和他们面对面交谈则是更加困难。因此，电梯里相遇是最好的时机，他们会立刻回复我，这样就能够进行下一步。
>
> 史蒂芬 26岁 北卡罗来纳州

沟通大师卡耐基曾经说过，一个人的口才能够提高他的实际能力。事实的确如此。如果你能够让别人信服你清楚自己所说的是什么，那么别人就会相信你的确对自己所讲的东西胸有成竹。或许，你并不是经验丰富，知识充足，但是你只要让人感觉你很清楚你在说什么，你被提升的机会就会大大增加。

你相信吗，当人们面对面沟通的时候，通过语言传递的信息只有7%。听众会根据你的说话方式来判断其他的信息，他们会根据你的非言语语言、声调、真诚度、清晰度等来判断你所传达的信息，这些对你的职业生涯都有很关键的作用。接下来，我们就谈谈对这些方面该如何处理：

1. 非言语语言。如果你能够使用积极的身体语言，会使你传达的信息更具说服力，并且能够激励对方和你合作。当你说话的时候，一定要面对对方，身体微微向前倾斜，但是不要离得太近，不要让对方感觉到私人空间被侵犯。在整个谈话的过程中，要注意和对方的眼神的接触，每次眼神接触要保持几秒钟。如果你要说的是坏消息，那么请全程保持微笑。听对方讲话的时候一定要全神贯注，不要因为其他任何东西而分心。如果你要强调某些事情，你可以通过手势来加强。

2. 声调。当你洗澡的时候，除了唱歌，你还可以做其他的事情吗？你可以练习根据谈话对象的不同调整自己的嗓音、节奏、音量大小等。你的发音一定要清晰，让对方知道你在说什么。无论你对所讲内容是否有兴趣，都要保持一点激情，这样才会让听众集中注意力。

3. 真诚度。你一定要谨记，展现你的职业形象并不是要你装模作样。你的语气要尽量保持友好、自信、随意，但是一定不要口是心非，说那些和你的个性毫不相干的话。

4. 清晰度。你的用词一定要准确，这样才能充分传达出你想要表达的意思。你可以使用一些能让人觉得你很聪明、有教养的词汇，但是注意不要过头。如果你在谈话过程中过多使用行业术语，或者是超过5个音节的GRE单词，就会给人一种哗众取宠的感觉。还有一点就是要简洁，尽量使用少量的词语来传达你的意思。如果你经常参加各种会议，这一点是非常重要的。

公共演讲是一种能够锻炼人际沟通技巧的最佳方式。很多人都不敢在公开场合演讲，但是，我从来没有遇到过一个人是因为生理原因而不能进行公开发言的人，只要多讲几次就可以了。公共演讲会让你更加自信，更加沉着，而且能提高你信息表达准确性的能力。对于一个年轻人来说，能够在公司里充满自信地演讲，这一定会让别人对你刮目相看。你一定要抓住各种正式、非正式的演讲机会，在演讲的过程中，尽量使用一些简短的提示，而不是准备一份完整的脚本照着读。即兴讲话会让你和听众更容易产生共鸣，而且能够强化你的沟通能力。

即使你是一位一对一的沟通大师，也不可能每个人都会欢迎你。办公室是一个很繁忙的地方，每个人都觉得自己的时间不够用。执行官的地位越高，他能用来和你沟通的时间就会越少。有些人根本没有时间坐下来和你沟通几句，对于这种人，我给你的建议是：

➔ *直接走进他的办公室，而不是发邮件或者打电话。*

➡ 说服他的助理，在给上司安排行程的时候给你安排十分钟的时间（千万不要超过预约的时间）。

➡ 在走廊或者电梯中遇到的时候愉快地和他聊几句。

你可以走到对方的面前，然后将你想说的话说完，最后离开。如果有必要，你可以先给自己列一张清单，以防因为紧张而忘掉一些重要的事情。虽然你们这次谈话的时间只有短短的十分钟，但是和他面谈的时候，你能够更轻易地安排好下一次的会面时间。

还有一点，如果可以，尽量学一门外语，即使是从头开始，我建议你也要试试。现在，全世界各国的经济合作越来越紧密，学会一门外语将是一笔极其宝贵的财富。

学会倾听

当你看到这个标题的时候，你可能会质疑："我又不是5岁的孩子，我在幼儿园的时候已经学会倾听了。"或许你有这样的想法，但是我要说的可能并不是你想的那样。你一定知道如何听清楚别人讲话的内容，但是你不一定懂得如何积极倾听。在商业世界，如果不懂得倾听，你可能会错过很多重要的信息，并且会对你的职业生涯产生不良影响。

亨德利·韦辛格曾经说过，如果想提升自己倾听的能力，那么首先你必须知道在别人讲话的时候你会无意识地过滤掉哪些信息。之所以出现这种情况，很可能是因为你的想法或者感受影响着你，它们会影响进入你大脑中的信息的类型和数量。通常来说，我们过滤掉某些信息是因为以下四种原因：

➜ 先入为主：你会因为某些先入为主的意见误解对方的信息。

➜ 说话人的身份：你会因为对方的身份而过滤他的信息。

➜ 既定事实：你会忽略对方的情绪因素。

➜ 其他让你分神的想法：你会因为走神而遗漏某些信息。

当你明晰了自己的问题之后，你可以通过以下方法来改进自己的倾听能力：

➜ 让对方把话说完。

➜ 不要对对方接下来要讲的内容进行猜测。

➜ 要深入理解对方话里话外的意思，分析对方的话语和言外之意。

➜ 和对方保持眼神的接触，并点头示意，告诉对方你在倾听。

➜ 经常总结一下对方的信息，但是不要直接重复。

➡ 尽量体会对方的感受。

➡ 提出一些具体问题，检测你的理解是否正确。

➡ 通过做笔记保持专注，同时能够帮助你牢记对方所说的信息。

➡ 对方在讲话的时候不要发信息。

➡ 直到对方说完，否则不要轻易改变话题。

　　你也可以通过提问、强调等方式促使对方倾听你的话。尽量找一些和对方有关的话题，要学会多听少说。用不了多久，你就会成为大家都很喜欢的谈话对象之一——你要知道，能做到这一点的人并不多！

小 结

　　学会管理时间。围绕你的工作重点来安排时间，不要为了成为同事中的好好先生而在不重要的工作上浪费大量的时间。

　　学会安排工作。在办公室中，很多事情都是靠你自己控制的，比如安排你自己的工作方式。你可以找一个适合自己的方式来安排工作，一定要坚持下去。

　　自信。你要敢于表达自己的观点，同时要尊重别人的意见，这样，你就会成为一个人人尊重的人。

　　提升你写作、讲话、倾听的能力。当你在表达自己的想法的时候，你一定要充满自信，话语要简洁。如果你想让其他人觉得你对自己所讲的内容胸有成竹，你就必须清楚自己所说的是什么。你可以通过一些方式提升自己倾听的能力。

让全世界都看见你

They Don't Teache

Corporate

in College

CHAPTER **6** **心态管理课**

如今，在办公室里最爱抱怨的人就是那些年轻人。为什么呢？我猜想，可能是因为他们和那些经营着公司的管理者有着很深的代沟。父母一直在教导我们成为自己希望成为的人。结果是什么？那就是你们自认为自己是宇宙中最特别的那一个。

但是，公司是一个弱肉强食的地方，而现在坐在方向盘后面的人并不是你。当你掌权的时候，你可能会采取一套完全不同的规则，但是，在此之前，请你学会接受现实。

在这里，我们将讨论怎样克服消极的心态，如何维持积极的心态，并且在你遇到困难的时候如何保持斗志。我相信，读完本章之后，你一定能够学会如何控制自己，学会调整自己的心态，在一个令人发疯的世界中创造一个让自己愉快的环境。

不，你没有发疯

> 我的部门是公司里变动最多的。在不到一年的时间里，先后重组了三次，换了四位经理，每个人都想给自己划定地盘。但是，没有一个人知道我在做什么，所以他们的调整没有任何意义。另外，频繁调动上司使我在过去的一年中没有任何成果。如果再来一次重组，我想我肯定会疯。
>
> 罗伯特 *27岁 奥尔良州*

相信很多人都会遇到这种情况，而且很多人完全有理由发牢骚。曾经，我和上百个年轻人交谈过，大部分人都后悔得想要撞墙，他们都希望自己不曾接受过这份工作。

虽然，对于处于此种境地的他们我表示很同情，但是我觉得，抱怨并没有任何意义，因为你除了回到学校读研究生，或者自己创业成功，否则你仍旧需要回到办公室里。不管你是否喜欢，我们都要接受这种商业世界的各种变化，所以我们能做的就是克服这种消极的心态。

让人讨厌的10件事

1. 重复工作。你要花费很多时间将同一条信息一遍遍地汇报给不同的人，你需要参加各种商业会议，大家在会上逐字逐句地重复上个星期刚刚谈过的事情，解决同一个问题——因为你的部门没有学会知错就改。

2. 狐假虎威。有些同事会打着高层领导的旗号命令你做一些事情，无论这位领导是否参与其中（例如："真的吗？我昨天刚刚和CEO谈过，他告诉这件事情要这样处理……"）。

3. 自大狂。有些人，他们一旦爬到了高位上，就会觉得自己比谁都厉害，觉得自己应该受到和上帝等同的待遇。无论遇到什么事情，他们都觉得自己是正确的，其他的人都要向自己学习。

4. 等级制度。在办公室里，并非所有的人都是平等的，有的时候你可能会因为和高层沟通的渠道有问题而被指责。除非有特殊情况，否则高层根本不知道公司有你这么一号人物。

5. 诋毁。在大部分的公司中，年轻人基本都不会受到重视。只要出现问题，高级经理就会将你叫出来训斥一顿，但是，当你出色地完成某项工作的时候，他们却不会给予任何鼓励。

6. 官僚主义。换个灯泡需要请示几个部门？在办公室中，你做的每一件事都需要向一大堆人请示，而且高层还很喜欢频繁地调整制度，将整个决策流程变得比迷宫还复杂。

7. 虚伪。很多高层标榜的是"质量、革新、进取、正直"，但是实际上，他们需要的是员工闭上嘴巴，干好自己的活。

8. 微观管理。年轻人崇尚的是自由、独立，但是有些经理却非常喜欢盯着你的一举一动。要打喷嚏？可以，请先告诉你的经理一声。

9. 缺乏常识。曾经，有人这样说过，在办公室中常识是一件很奇怪的东西。通常，人们只要走进办公室，就会变得缺乏理性。更令人忧心的是，明明有些问题的答案是那么明显，但是人们却总是视而不见。

10. 毫无意义的变革。管理层总是喜欢做出调整，他们似乎喜欢将一群人扔到空中，然后看看大家都落在哪里。是的，我指的是重组。虽然，重组通常会让大家感到困惑，并大大降低工作效率，影响员工的士气，但是，管理层们还是每一年都热衷于此项游戏。

工作并不可怕

> 曾经在一次培训会的一周前，我们团队经理宣布他要改变培训的内容。就这样，他随便的一句话，就让我们整个团队几个星期的努力覆水东流，一切都要从头开始，当上司告诉我这个决定的时候，我差点血管崩裂。我想出去透透气，但是经理马上要召集紧急规划会议，我实在没能压抑住自己的愤怒，我的态度有明显的改变。经理虽然都看到了，但是他什么都没说——他只是皱皱眉头。但是后来，经理告诉我，他说他相信我应该更成熟一些，我要学会控制自己的情绪。我为培训做了那么多的工作，结果我只得到了这么一句话。
>
> 唐纳 27岁 密歇根州

当你遇到类似事情的时候，你可能会一边跳脚一边说："这不公平！这么做没有意义！"你一定会认为经理们都是毫无能力的傻子，每次你快要成功的时候，都会拖你后腿。长此下去，用不了多久，你的心态就会变得很糟糕。

刚开始上班的时候我也是这样，我非常清楚要如何展开我的工作，而且公司效率低下的情况在我眼里就是一场悲剧。每次受到阻碍的时候，我都会特别愤怒（我是那种喜形于色的人）。没过多久，经理们就不再告诉我任何坏消息了，因为他们怕我发火。可能我当时是团队中能力最强的人，但是，我却始终都没有得到提升。

这是为什么？为什么那些能力没有我强的人能够得到升迁、加薪，而我只是在原地踏步？最后我选择了辞职，因为我觉得这个问题的责任在于公司。随后，我先后换了两份工作，并且我意识到，天下乌鸦一般黑，到哪儿都是一样的，问题不在于我的上司，而是我的态度。

当一个人遇到挫折的时候，产生消极的心态是一种最自然的反应，但是，问题在于这种反应不见得就是对的。我发现，很多年轻人他们会用大量的时间来抱怨，周围的人都躲着他们，因为他们会让别人也感到不开心，而他们毫无职业形象可言，上司会觉得这样的人太不成熟。

刚参加工作的时候，一个前辈就告诉我，坏心情就像是传染病，它会传染给周围所有的人。除非你想彻底结束自己的职业生涯，否则，你一定要在消极情绪将你打垮之前消灭它。

想在挫折面前维持积极的心态其实并不容易，但并不是无法做到。我并不是要你强压自己的情绪，对所有的人都保持微笑。事实上，你能够体会下面的内容，你根本无须强装。你若想消灭

焦虑、愤怒、压抑等情绪，你就要调整自己的想法，放弃那些不
理性的期待，管理好自己的情绪，最终，你就会变成一个快乐、
平和的人。

你并不是自己想象中的那样

三个邻居，在路边谈论自己的财产。

"我有一幢别墅。"其中一个骄傲地说道。

"哦，是吗？"第二个很是不屑，"我有一个农场。"

"我既没有别墅，也没有农场，"第三个人平静地说道，
"但是我有乐观的心态。"

听完这句话，另外两个人哈哈大笑起来。乐观的心态看不
到、摸不着，有什么用呢？一天晚上，三个邻居遭遇了一场大风
暴。暴风吹垮了第一位邻居的别墅，"我还怎么活呢！"他哭着
说道。

暴风吹走了第二个邻居所有的收获，"我算是完了！"他哀
怨地说。

暴风也吹走了第三位邻居的房子和收成，"现在，我第一件
事要做什么呢？"他思考着。考虑了一会后，他觉得应该重新建
房子，重新种庄稼。第二天，他一边吹着口哨，一边拿着土豆的

种子走到院子中，他的两位邻居还在路边伤心痛哭，"真是不明白你怎么还这么开心！"第一位邻居说道，"你的财产都被吹走了啊！"

"是啊，"第二位邻居紧接着说道，"你有什么秘密武器吗？"

"没有秘密武器，"第三位邻居说，"我只是有乐观的心态。"

如果你看完本章的内容后，你只能记住一件事情，那么请你记住：你的思想控制你的感受，并决定你的其他所有事情。你来到这个世界上，你就要为自己的一生负责，而且你也有能力选择自己对周围环境的态度。

如果你曾经加班到很晚，当你下班的时候你是否注意到，至少有一半的清洁工一边打扫环境一边在微笑。客观地说，清洁工的工作是这个世界上最无聊的工作，但是有些人还是决定保持着积极的心态。

成就，并不仅仅是你通过努力得到了怎样的结果，还包括你对工作抱持着一种怎样的心态。能够控制你心态的，只有你自己。其实很简单，你只要关注那些能够让你的心态变好的东西，你的心态就会越来越好，反之亦然。下面，我将从正反两方面来举几个例子：

事例1：一个能力不如你的同事被提拔成为你的上司。

➡ **消极反应：** "上司真是个混蛋。他根本就是个蠢材。"

➡ 积极反应："我要想想，怎么做下次才能轮到我。"

事例2：现在是星期五的下午5点，你的上司给你一份比较困难的工作，并且要求你在周一的早晨一定完成。

➡ 消极反应："这根本完不成。我真没想到他竟然会这样做。"
➡ 积极反应："试试有没有办法今晚就完成，这样我这个周末还是能好好休息一下。"

事例3：上司将一件根本不该由你负责的任务交给了你。

➡ 消极反应："这件工作也不归我管，我也根本没法完成，如果非要让我干这件事，那就要给我加薪。"
➡ 积极反应："或许这是个机会，完成这件事情，我能学到不少东西，这样上司就会对我刮目相看。"

事例4：你突然发现今年公司只加薪2%。

➡ 消极反应："我辛辛苦苦干了一年，难道就只值这2%吗？公司既然有钱去办一场豪华的派对，为什么就不能好好奖励一下最优秀的员工呢？老板都是混蛋。"

➜ 积极反应："现在市场经济不乐观，很多人都失业了，我至少还有一份工作！"

的确，在所有的假设场景中，你都有抱怨的理由，有一些消极的反应也是正常的。但是，如果你只是关注不好的一面，就会对你的职业生涯产生不好的影响。你不要误会，我并不是要你消除所有的负面反应，当你听到这样的信息的时候，你会产生失望、烦躁、沮丧、后悔等情绪是正常的，也是完全可以理解的。但是，你一定要学会控制自己的情绪，不要让这些消极的情绪长时间在你的心底徘徊，以致拥有一个糟糕的心态。你要保持一个积极的心态，你就要经常给自己灌输一些建设性的想法，这样你就会更快乐，你的工作会更高效，人们也就会更加喜欢你。

"应该"的心态只会让你失望

除了要克服消极的心态之外，你还要克服自己的非理性期待，不仅仅是工作中要这样，在生活中也要这样。非理性期待会让我们失望，心理学家马尔文·古德弗里德（Marvin Goldfrid）和杰拉德·戴维森（Gerald Davison）的理论告诉我们，人的大部分情绪波动都是自找的，尤其是当我们给自己确立一些无法实现的期待的时候，更会如此。

想一下，你是否曾经对自己说过这样的话：

我应该能够做……

那件事应该由我负责……

我的领导应该……

他应该明白……

这个项目应该这么做……

每个人都应该……

如果你发现自己总是在说或者总是想"应该……"的时候，就说明你正在给自己确定一些非理性的期待。

前面我们已经说过，我们的生活并不是完全理性、绝对公平的，如果你非常希望事情能够按照你的期待来发展，那么你只是在为难你自己。有的时候你会因为自己的这种心态而去做一些出格的事情。在同事的眼中，你非常痛苦，或者消极，但是，结果并不会因为你不切实际的期待而有所改变。但是另一方面，如果你能够保持平和的心态，尽自己最大的努力去解决这个事情，结果就可能是另外的样子。

想一想，如果事情并没有按照你的想法来发展，那么，世界末日就会来到吗？所以，你不要总是以为事情"应该"怎么样，而是要多想想你"希望"它怎么样。你可以保持自己的想法,但是不要放置过多的期待,那么结果非你所想时你就不会那么失望。

要让自己变得更灵活、更宽容。每个人都有自己的缺点,因此,你千万不要根据自己的标准为其他人打分,你要时刻保持开放的心态。你要知道,当你接受了高等教育,并且拥有一份稳定的工作,一份不错的收入的时候,你就已经比世界上90%的人幸运了。这样一想,即使你的工作环境没有任何变化,你的心态也会变好。

活在当下

大部分的人都会对过去有着深深的怀念,担心未来,但是却很少有人会考虑如何发挥现在的力量。你要知道,生活最让人珍惜的就是当下这一时刻,其他的一切要么是已经过去,要么是还未发生。如果我们能学会关注当下,那么那些消极的情绪就很容易消除了。

或许,当你早上起床的时候,你的情绪非常积极,但是随着时间的流逝,这种情绪就会慢慢淡化,当你感觉到你的情绪变得糟糕的时候,你不妨尝试一下以下的方法:

➡ 告诉自己，你现在做的事情能够帮助你实现自己的最终目标。

➡ 离开你的座位，到处走一走，或者活动一下你的身体。

➡ 想出一些办法能够让你立刻变得积极。

如果你能够意识到你活在当下，那么你就会更加关注周围环境对你情绪产生的影响。一旦消极的心态抬头，你就能立刻将它消灭。接下来的内容，我会详细阐述如何培养一个人的情商，从而帮助你更有效地应对消极情绪，应对愤怒、焦虑和压力等心态。

掌控你的情绪

很多人都做过智商测试，但是很少人会考虑自己的情商。

亨德利·韦辛格指出，情商就是一个人利用自己的情绪引导自身行为的能力。打个比方，假如你的上司刚刚告诉你他的预算被缩减了，你手头的项目需要立刻停止。这个时候你可能会对你的上司怒气冲冲。当然，如果你的情商够高，那么你就会暂时冷静下来，想一下自己为什么会有刚才的情绪反应。一旦你发现自己拥有愤怒的情绪，你就能够暂时调整一下，防止自己的情绪影响其他人。

学会自省

如果你想提高自己的情商，首先你要做的就是自省。你可以假设自己灵魂出壳，站在一边看着你自己，这个时候你就会有另外的视角。下面我继续用"项目必须立刻停止"这个例子来说明：

策略1：自己检查自己判断这个世界的方式。

你的性格、信念、人生经历会影响你对自己、他人和情势的判断。了解自己的判断方式之后，你就会非常清楚自己的想法是如何影响你的感受、行为、反应的，并可以因此做出调整。

如果你发觉自己是个消极的人，那么你就不要在愤怒的时候做出任何决定，先要设法摆脱愤怒的情绪。

积极的反应："我知道，根据我的认知我很容易认为事情出现这样的情况完全是我的错，我很容易将这些事情和我的工作表现联系在一起。但是实际上，上司只是因为预算的方式才停止了我的项目，这和我的工作表现没有任何关系。"

策略2：根据你的生理反应判断你的情绪。

当你清楚自己的情绪特点之后，你就可以通过一些生理反应，例如心跳加快、呼吸急促、出汗等，来判断自己进入到了哪种情绪。

积极反应："当上司刚说完，我就立刻心跳加速，心脏差点跳到嗓子眼儿。不必说，我现在的情绪是愤怒。"

策略3：了解你的目的。

想一下，你为什么会有这样的反应，这样你才能更好地规划自己的行动。

积极反应："其实，我就是想尽快升职，但是我很担心我的第一个项目就被取消，这样我就会错过年底的升职。也许，我应该想想怎么通过其他的途径来获得提升。"

策略4：注意你的行为。

你的非言语的行为，比如身体语言、语速、语态等，都会反映出你的情绪。你一定要注意这些因素，这样你才能在别人面前展示自己的形象。

积极反应："我清楚地感觉到自己都快站不起来了。我的上司一定以为我会夺门而出……"

通过这些自省，你能够更确切地理解自己的情绪，这样你就更容易进行情绪管理。接下来我将详细阐述如何应对自己的愤怒、焦虑、压力三种负面情绪。

情绪管理——愤怒篇

总是会有一些事情引起你的愤怒，这是正常的人性。但是考虑到你的职业形象，我的建议是，你最好不要在工作中表现出愤怒，即使你有充足的理由。你要知道你的这种情绪只会给你带来负面的影响。无论是火冒三丈，满嘴脏话，还是你自己牢骚几句，都会给你的职业生涯带来严重的后果。我有一个朋友，因为对上司发火，当场被辞退。我还有一位朋友，给上司发了一封讽刺对方的邮件，而被暂时停职。对于我来说，每次我想发脾气的时候，我都会流眼泪，虽然我没有被辞退，也没有被停职，但是我的声誉还是受到了影响。我的上司觉得我不够成熟，因此在随后的升职名单中剔除了我的名字。

学会控制自己的想法，记住你活在当下，要拥有较高的情商，这些都是抑制消极情绪的好方法。但是，尽管如此，你还是无法克制自己的愤怒，其实最关键的在于你不要给自己惹上麻烦。当你在和同事进行项目讨论的时候，你可以通过上面说的策略来检测自己是否陷入了某种情绪中。如果答案是肯定的，你可以告诉对方，暂停一下，你需要稍微休息一下，离开现场，缓和你的情绪。无论你是对还是错，你要记得，如果你没有管理好自己的情绪，即使打败了对方，也毫无意义。一个月之后，人们就会忘记你的建议，但是没有人会忘记你当时是怎样的情绪状态。

因此，我建议你回到自己的座位上，放松一下，调整好自己的心态。你要想一下，怎么做你才能不带有任何愤怒的情绪，然后回去用一种更优雅的方式继续你们的讨论。

有的时候我们需要发泄一下自己的愤怒。没关系，只要不损坏公司的财产就可以。我建议你可以找一个没有人的地方发泄一下，你可以用衣服堵着嘴巴，大声叫出来。反正这个办法对我很有作用。

情绪管理——焦虑篇

去年冬天的一个下午，我觉得一件顺心的事情都没有。情况本来已经够糟糕了，这几天电脑居然坏掉了。我手头上的项目也出现了一些问题，我真是疯掉了。于是我来到了休息间，正好一位同事也在这里，我将自己的感受告诉了他，他问我："最严重的后果是什么？"我回答说："我会被公司解雇，领社会救济。"他又问："出现这种可能性的概率有多大？"突然之间，我觉得自己的想法真是有一些愚蠢。从那一刻开始，我就学会了不让自己背负那么大的心理压力。从此之后，当我感觉愤怒或焦虑的情绪即将出现时，我就会想起那次的谈话。

金姆 23岁 明尼苏达州

还记得，我曾经有一段时间，总是在担心过去和未来。每当有什么不好的事情要发生的时候，我都会很担心，而且我还总是会担心发生一些不好的事情。直到有一天，我去医院看望外祖母，我和她谈到了我的焦虑，外祖母告诉我，我这是在浪费时间，因为我担心的事情通常都不会发生。

我决定做个试验。我回到家后，我将自己担心的事情列了一张单子，一个月过去后，我再次审视这张清单，我发现，的确是大部分事情都没发生。外祖母说得对，我这是毫无根据地担心一些根本不存在的事情。

就像我前面说的，你只能控制现在的你。因为你不可能改变过去，也不会预知未来，那么你为什么还要担心它呢？就如罗伯特·路易斯·史蒂文森（Robert Louis Stevenson）曾经说过的那样："还是学会享受我们唯一能把握的时间吧，从现在到睡觉之前。"

一旦你放下你的焦虑，关注当下的时候，你一定会惊异地发现，所有的负面想法都会消失。想一下，所有的问题不都是一步一步来解决的吗？但是你一定不要误会，我依然建议你为未来做好准备。但是，当你已经竭尽全力之后，你就应该放下你的焦虑。

记得有一年夏天，我一直在担心和一位经纪人的合作问题。每天午饭的时间，我都会开车回家看看是否收到了这位经纪人的回复，这样的压力让我的血压飙升。几个星期之后，我终于发现我的焦虑已经处于失控的状态，我和从事心理学研究的朋友说了自己的情况。他说我应该想想看最糟糕的情况会怎样，然后学着去接受这种结果。我接受了他的意见，想象自己没有和经纪人合作，我的新书也没有出版，然后我用头脑风暴的方式想了一系列解决这些问题的方法。刚开始的时候有点困难，但是随着我逐渐冷静下来之后，我的情况好多了。当我的内心不再充满焦虑的时候，我能够集中自己的精力，去寻找新的经纪人，并且最终问题得到了解决。

建议你放下焦虑，不是要你逃避问题，我只是告诉你你根本没有那么多精力去管那些没有发生的事情。一旦出现问题，你要用理性的方式去解决。你可以根据事实谨慎地做出你的决定，采取行动，然后坚持下去，直到问题最终被解决。

人的一生充满困难，你可以想一下，这一辈子你要做的事情简直太多了。但是你一定要记得，那些能够放下焦虑的人，会活得更加快乐、长久、幸福。从现实的角度来说，他们的工作效率高于一般人，因为他们将自己有限的时间用来解决问题，而不是用来担忧。这种人也更加容易相处，因为他们不会让自己满脸愁云。你看，有这么多的好处，你为什么就不能放下焦虑呢？

情绪管理——压力篇

世界卫生组织将工作压力列为全球性的流行病。这种流行病每年会给全世界的公司带来上百亿美元的损失。我刚参加工作的前几年，每天晚上都是在沙发上倒头就睡，然后在半夜醒来，再爬到床上去睡。就这样，整整半年的时间里，我没有任何夜生活，我经常生病，不是发烧咳嗽，就是头痛，所以我成了医院的熟客，甚至连护士都认为我是神经过敏。每天我都在咒骂自己这糟糕的身体，最后，我只好报了健身班。直到这个时候，我才发现了自己的问题所在：原来，并不是我的身体有多么糟糕，我只不过是不善于管理我的压力。

你知道吗，人体会因为心理沮丧、无聊、焦虑而感到疲惫。转动脑子不会让我们疲倦，手头忙不完的工作也不会让你觉得累，而这一切的元凶是你工作的方式。当我第一次听到这样的说法的时候，我眼前一亮。我发现，自己能够连续8个小时不停地写作，但是丝毫不会感觉疲倦，但是每天下班之后，我甚至连上地铁都不愿意抬脚。我下定决心要管理好自己的压力，让自己每天工作结束后都能保持精力充沛。下面的方法是我尝试过的：

➜ 找到让我感觉到有压力的工作，然后提前完成。

➜ 找到最舒服的工作方式。

➜ 一天中让自己休息几次。

➜ 抽出时间喝杯水，活动活动身体，按按太阳穴。

➜ 参加健身俱乐部，午饭后散散步。

➜ 不要去做那些不值得做也不愿意做的事情。

　　最重要的一点是你要让工作和生活平衡。即使你非常喜欢工作，但是也不要变成工作狂。你要知道，一个人的工作终究会变得单一、无聊，最终会让你没有成就感。你一定不要忽视自己的精神生活和社交。

　　你的附近有家人或者大学同学吗？可以去看看他们。你喜欢读书吗？暂时放下手中的行业杂志，找一本经典的小说。你可以在周末的时候抽出几个小时参加一些志愿活动，因为这种活动往往会让人感到快乐。不论你的宗教信仰是什么，每天抽出一点时间祷告。你要认真祷告，知道为什么有信仰的人比较快乐吗？因为他们对一种超出自己的力量充满信心，这会反映到他们的心态上。

学会激励自己

> 每当我讨厌自己的工作的时候，我都会强迫自己做更多的事情，这样，我就没有时间去想其他的了。我发现，越是忙碌，就越不会去想公司是怎么毁掉我的职业生涯的。你知道最糟糕的感受是什么吗？就是你盯着你的电脑，但是你的大脑处于空白的状态，你甚至不知道为什么打开电脑。这会让人觉得度日如年，所有的消极情绪——沮丧、不满、挫折感，都会涌上你的心头。
>
> 罗宾 25岁 内华达州

想要一直维持一个积极的心态，还有一个很好的办法，就是用工作或同事来激励自己。可悲的是，现在的办公室真的很难让人感到兴奋。

很多经理都会这样想：能给他们一个工作已经很好了，难道还要花心思去激励他们？但是，很多年轻人会觉得自己每天累得像狗一样，但是得到的奖励实在太少了。另外，升职似乎遥遥无望。想一想，在这种情况下，员工怎么可能不混日子呢？他们会觉得公司不值得让他们付出更多。

但是，这个问题最大的受害者就是你自己。可以这样说，只要你掌握了规则，你就完全可以利用现在的工作来实现自己的长远目标。所以，如果你是因为没有得到升职或加薪而变得得过且过的时候，你其实是在毁灭自己的目标。只要一想到你所做的一切都是为了自己，那么你就应该有足够的动力了，不是吗？

现实是，事情总是说起来容易，做起来难。想象一下，在一个大雨倾盆的星期一的早上，你的一个客户怒气冲冲地给你打来了电话，你还有一个重要的项目马上就要到最后的日期了……你还能维持一个好心情吗？或许，你可以根据本章的建议来调整你自己的心态，但是你一定不要忘记时刻激励自己全力奋斗。

有什么好的办法吗？我的建议是你可以买一些励志类的书籍，找出能够激励到你的句子贴在你的座位上。要尽量让自己忙碌起来，这样你就不会有时间从工作中挑毛病了。

你要一直记得自己的计划，也要奖励自己的每一个小的进步。每次学会一项新技能，或者完成一个比较困难的项目的时候，都要适当地奖励自己一下。即使你的同事并没有恭喜你，但你一定要告诉你的家人和朋友，他们一定会为你高兴的。

实话实说，无论你多么努力地克服消极的心态，你总有一些时候想要冲进领导的办公室中递上辞职信，一定不要放纵自己这样的想法。要有一点耐心，等着这种心情自动消失。你可以尝试一下亨德利·韦辛格的建议：你可以假想这是你上班的第一天，你满怀着自信、迫切和热情处理着每一件事情。或者想象一下这是你职业生涯中最棒的一天，你充满了能量和创意，你会完成很多事情，耳边充满了各种赞美……说不定，这所有的一切都会变成现实。

一个理想的状态是，你永远都不会对你的上司发脾气，但是对于一个普通人来说，这基本上是不可能的，我们都会在不经意间伤害到某个人。当你遇到这样的情况的时候，只要你的应对是正确的，事情很快就会过去。

当事情发生后，你可能会很尴尬，会假装这件事没有发生过，这样做非常不明智。如果你长时间不提这件事，那么对方将永远记恨你，这件事会一直铭记在他的脑子中。

如果你在面对某位同事的时候，你很冲动，你不妨换位思考一番。记住，就算你没有错，你也不应该表现出一些不适当的行为。先将你的自尊放在一边吧！走过去，向对方真诚地道歉，跟对方解释说你还处在学习的阶段，并且保证类似的事情再也不会发生。如果你不好意思和对方说，没关系，你可以写一封情真意切的邮件，或者寄一张贺卡。对方不仅不会记恨你，还会觉得你是一个比你的年龄成熟的人。就是这样，只要一点小小的努力，你就能将坏事变成好事。

小 结

　　选择积极的心态。你的想法会决定你是个什么样的人。你要对自己的人生负责，而且你有能力选择自己对外界的反应。如果你有意识地让自己乐观起来，你的消极情绪就会慢慢清除。

　　学会自省。你首先要知道自己的消极阀门，了解自己是如何看待这个世界的，学会触摸你的感受，了解你的目的，并且时刻注意自己的行为。

　　想象最糟糕的情况。当你想到最糟糕的情况，并做好迎接这种情况的时候，你就不会再焦虑。这时，你就能够理性地思考，并且设法改善目前的情况。

　　学会激励自己。为自己设定成功的目标，然后激励自己达到目标。不要过度依赖外界的看法，学会把工作当成帮助你实现长远目标的工具。

CHAPTER **7** **管理你的人际关系**

即使你是办公室最聪明、最优秀的那个人，如果你不能和周围的同事有效沟通，你的上司可能也不会认可你。相比之下，一个人如果能够妥善管理周围的人，他一定不需要花费太多的精力就能够轻松完成更多工作。

与人沟通并不是一件容易的事情。你一定也有过这样的想法："如果不用A帮忙，我自己就能够完成这件事，那该多好。"

在这里，我要教给大家的是如何请你的同事配合你的工作，从而提高你的胜算。我还会谈一下感激的重要性，讨论一下如何创建积极的人际关系，以及如何应付难以相处的人。

你就是"无冕之王"

> 去年我大学毕业，然后进入一家中等规模的人寿保险公司上班。我一直认为自己是个随和的人，但我就是无法和同事很好相处。我觉得自己的未来完全掌握在别人的手上，所以每次想要同事帮忙做什么事情的时候，我都像是要上拳击场似的，最终形成了恶性循环。我越是强迫别人，对方就越是远离我。他们一生气，我也会生气，结果什么事情都做不成，办公室里的氛围变得越来越紧张，最终只好有一方选择离职。你觉得是谁该离开呢？
>
> 约翰 24岁 宾夕法尼亚州

从进入职场开始，我就看到人们采用各种方法，从贿赂到发脾气，来请别人配合自己的工作。有的人会利用自己的职位或者权力来压迫员工。今天这个商业社会，很多的中层领导都很忙碌，他们根本没有时间考虑如何去鼓励员工配合工作。史蒂芬·柯维曾经列举过人们请求别人帮忙的时候会采取的一些策略。总体来说，这些策略可以分成五种：

→ 赢/赢（"我爱你，你爱我"）：双赢是最好的解决方案，因为每个人都会觉得很好。一个人的成功并不是建立在一个人的失败上。

→ 赢/输（"我得到了自己想要的，你没有得到你想要的"）：这就像是一场比赛，你赢，对方输。

→ 输/赢（"拿走你想要的，不必管我"）：这种人总是想讨好别人，他们会压抑自己真实的感受，总是牺牲自己的利益换取别人的接受和认可。

→ 输/输（"不赢，宁可死"）：当两个不择手段也要胜利的人碰到一起的时候，他们就会得到这样的结果。

→ 赢（"你随意，我不在乎"）：对方不在乎输赢，你得到自己想要的就可以了。

很多人认为，在商业世界大多数的沟通结果都是输/赢的结果，但是，对于你来说，每天都要和相同的同事打交道，如果你有这样的心态，那么对你没有任何好处。你可能会在无意间得罪身边的人，你的职业形象也会受到影响。通常情况下，如果你能够学会双赢的沟通，你就会得到别人的配合和支持。

如果想获得双赢的结果，你首先要问一个问题：如果对方给予你帮助，他会得到什么好处？通常，刚进入谈判桌你就会提出自己想要的是什么。

不知道你有没有听过这样一个故事：很多销售员在面对潜在客户的时候，都会直接告诉对方："我想给你介绍一个伟大的新产品，它有很多新功能，而且价格只要……"对方一听到"我想"二字，就会拉下脸，关上门。请记住：别人并不在乎你想要什么，他们想知道的是这对他们有什么好处。所以，当你和同事谈判的时候，你一定要告诉自己，虽然你很想双赢，但是对方关心的只是他能得到什么。想获得他的帮忙？请先让他愿意帮你做事情。

如何才能做到这一点呢？首先，你要学会站在他的角度思考问题，分析情况，了解他对关心的是什么。然后，你要告诉对方你会如何帮助他实现目标。例如：我曾经有一份工作是协调高级执行官和记者的采访。一天下午，我说服一位高级执行官推迟与一位客户的见面，而去接受记者的采访。但是，我知道执行官为了实现交易非常想见这位客户，而不是去和一个不会付钱给自己的人谈上一个小时，因此，我这样对他说：

"我记得你说过，有的时候你会失去订单，是因为对方发现没有媒体对我们公司的产品进行相关介绍，对吗？现在，我们就有这样一个改变的机会。通常情况下，我不会要求您推迟见客户，但是听过您可以将与对方的约见推到周五，我想象，今天您接受了采访，在周五之前就会有相关的报道见报……见面的时候就可以给对方带一份报纸。"

执行官听了之后立刻意识到，接受采访会让他的交易成功率大大提升，他发现，用一个小时的时间和记者交谈是值得的。最终，执行官得到了订单，记者获得了采访。双赢！

对方是否真的赢了，这不重要，重要的是要让对方感觉自己赢了！例如，你可以通过对方的道德感来说服他。戴尔·卡内基在《如何赢得朋友影响他人》（*How to Win Friends and Influence People*）一书中说道，每个人都喜欢帮助他人的感觉。只要你的提议能让对方感觉良好，他就会配合你的工作。还是采用上面的例子，为了进一步说服执行官，我还会告诉他：

"最近，咱们公司有一些负面的信息，现在，我们能够用一些积极的信息发起反击。因此，我希望能够有像您这样的高层接受采访，相信效果会很好。"

要想获得双赢，首先你要知道自己想让对方做什么，以及如何有效沟通。设身处地地想一下，如果你站在对方的立场上，你会怎么办？你一定要记住，你最终的目的是达成合作，因此你一定要压制自己内心的倾向，不要坚持让对方按照你的想法去做。

通常，要想让同事心甘情愿配合你的工作，你就要给予他们发言权，所以千万不要强迫他们接受你的领导，你只要告诉对方你的目标，然后征求他们的意见就可以了。毕竟，只要完成工作，大家都开心，就达到目的了。

"搞定人"才能"搞定一切"

我发现，很多执行官对下属都不是很在乎，他们从来不会说"谢谢"。但是有一位执行官却不一样，他从不利用自己的权力去压制别人，而且在下属完成任务后总是会表示感谢，所以我们都喜欢给他做事。我观察这位执行官很长时间了，我发现基本上没有人会对他的这种做法给予赞扬。于是，有一天我告诉他的行为应该得到赞扬，他立刻双眼放光，似乎我的赞美是他这一周来最高兴的事情。

萨布琳娜 23岁 新墨西哥州

想象一下，如果你将一个好消息告诉一个人，他会有怎样的反应，而感激会有同样的效果。只要一句感激的话，你就能让对方高兴一整天。今天，有没有人帮助过你，你赶紧去感谢他。他费了很大的功夫吗？立刻给他发一张贺卡，或者请他吃顿饭。如果他为了帮助你，做了一些非他工作范畴的事情，你一定要告诉他的上司。还有，一定不要认为这是对方工作范畴内的责任而不去感谢他。当一位同事出色地完成了自己的工作，并对你的工作有所帮助的时候，为什么不对他表示感谢呢？

18世纪著名作家萨缪尔·约翰逊（Samuel Johnson）曾经说过："感激是教养的果实，粗俗的人是不懂得感激的。"直到今天，这句话仍然适用。

很多人都明白，做好事是正确的，是应该的，但是如果你做了好事而期待别人感谢你，那么恐怕你要失望了。所以千万不要以为别人会感谢你。只要你能够表达出自己的善意，对你遇到的每一个人表现出体贴和礼貌就可以了。接听电话的时候，你的语气要和善，尽量配合电话那一端的人，问清楚你怎么做才能帮到他，仔细听他的回答。

我们说过，只是在上司和客户面前表现出最好的行为是不够的，因为每一个人对你的评价都会影响你的名声。记住，人们天生喜欢散播消息，尤其是让自己不高兴的消息。虽然只有一个人在抱怨你不好相处，但是，用不了多久整个办公室都会知道这个消息。

每个人都希望被认可。而且，一个人的幸福、自尊和积极性都来自于他是否得到认可。所以，不要吝啬于赞美别人，而且一定要真诚。虚假的赞美甚至比批评还要伤人。在表扬一个人的时候，你一定要有确切的证据，这样的表扬才会让人最受用。你最好赞美别人的行为，而不是他的性格。举个例子：

➤ 无力的赞美："那次演示做得很好。"

➤ 给力的赞美："你在演示中运用的比喻真的很能打动人，大家立刻就能联想到自己的生活。"

➤ 无力的赞美："你做事总是条理清晰。"

➤ 给力的赞美："这次见客户，可见你做了很充足的准备，我非常欣赏，对我们的每个要求，你都能列出具体的证据。"

当别人赞美你的时候，你一定不要一笑而过，那会让对方觉得不舒服，甚至觉得自己愚蠢。但是你也不必回答他们的每一个赞美，只要礼貌性地回复一声"谢谢"就可以了。

当别人取得了成绩的时候，无论大小，你一定要恭喜对方。想一下，当你取得成就，但是所有人都表示沉默的时候，你是什么感受？还有，一定要注意其他人做对了什么，而不是总关注对方做错了什么——以免让大家觉得你开口说话就是要批评别人。

你要学会与人分享荣誉，这样能够强化你和同事之间的感情，而且这样会让他们愿意和你合作。

创建积极的人际关系

> 我对自己的期待一向很高。当经理的第一年，我犯的最大的错误就是对下属也抱持着同样高的期待。可是这个女孩和我完全不同。虽然，她总是能完成我交代给她的工作，但是她做事的条理性和效率总是和我的期待相差甚远。我对她很失望，我相信对于这一点她也能感觉到。我甚至因为她没有学会我认为很简单的技能而没有给她加薪。这事差点让她流下眼泪，她告诉我无论她多么努力都做不到让我满意。回头想想，可能她说的是正确的。
>
> 玛丽萨　26岁　渥太华

对于人际关系，公司和学校是完全不同的。我前面已经说过了，你在学校，成绩好坏完全是个人的问题，你要做的就是努力。就算你没有一个好老师，或者没有好朋友帮忙做作业，但是这不影响你得到好成绩。但是在办公室却完全不同，你需要得到其他人的帮助，你的人际关系比看100本书要有用得多。

大多数的人每天都在无意中创建着人际关系。有时我们会根据是否志同道合而选择交往对象，但是有时我们会根据实际需求来构建人际关系。工作关系就如同家人关系，我们没有权利去选择自己的家人，同样，我们也没有权利选择同事。不仅如此，我们还要尽最大的努力让对方配合我们的工作。

但是，同事之间并没有血缘关系，因此，如果不注意，就会很难维持。史蒂芬·柯维用"情感银行账户"来帮助我们管理那些最常用的人际关系。他认为，在每个情感账户中，我们会用善意、诚实、守信等方式来存储信任和好感。当我们账户中有足够的余额的时候，我们就会频繁与对方沟通，并且简单有效。但是，如果我们不断向对方流露出轻蔑的眼神，信任账户中的余额就会减少，哪怕一点儿摩擦都会引起两个人之间的"事件"。换句话说，一旦和某个人建立了积极的人际关系，即使你出了一点小的问题，他也会欣然原谅你。

说个真事。我和同事米歇尔是很好的朋友。有一天，我身体不舒服，但是那天我要去见个客户。在和客户交谈的时候，米歇尔问了我一个非常合理的问题，但是我立刻表示了不满。如果米歇尔不是我的朋友，她一定会因为我的无礼而生气。后来，我向她道歉的时候，她根本没把这件事放在心上。"我早忘记这件事了。"她说道，"我知道你不是这样的，一定是有什么事情发生。"幸运的是，我和米歇尔之间有着足够的信任，所以我可以暂时从我们的情感账户中支取一部分储备，向她道歉，等于我又立刻存入了一笔。

　　无论你是否准备支取，你都要经常向你的情感账户中存入善意、友好等情感。以前的储备会随着时间流逝而消失，如果彼此长时间不联系，对方用不了多久就会忘记你对他的帮助。正如我前面所说，要想让两个人的关系维持下去，就一定要保持沟通。你可以通过以下几种方式来增加情绪账户中的储备。

➡ 真心对待每一个人，以及他们在乎的东西，并表示出兴趣。

➡ 注意小事，比如及时回复对方的电话，或在生日的时候送上祝福。

➡ 答应的事情一定要做到。

➡ 保持沟通。

➡ 记住对方以及他的家人的名字。

➡ 无论出于什么情况，都要做个诚实、正直的人。

　　你还可以通过有效管理对方的期待来改进彼此的关系。

　　另外，千万不要对对方抱持过高的期待。比如，不要期待你的上司永远有着好心情，或者你的助理能如你一样注重细节。一旦你的期待超出了别人的能力范畴时，你就一定会感到失望、沮丧。因此，当你和别人打交道的时候，你的期待一定要合理。如果你对整个问题并不是很确定，你可以请教你的导师，或者有过类似经验的同事。一旦确定了你的期待，你可以明确告诉对方，并要在截止日期之前跟踪进度，这样可以保证尽早发现问题，也能避免让自己出现措手不及的情况。

专注于眼前

> 每次和同事一起吃饭的时候，我最讨厌的就是他心不在焉，明明是一起吃饭，但他总是关注着周围发生了什么事。我知道餐厅是容易让人注意力分散的地方，但是上帝啊，有的时候我甚至怀疑他是否发现我已经不说话了。真是太尴尬了。
>
> 希瑟 25岁 佐治亚州

一定要学会专注于眼前的事情。当你和对方沟通的时候，你一定要将心思放在对方的身上，这也是要求你注意聆听对方在说什么，把精力放在对方的身上，而不是其他的事情上。即使遇到了其他干扰的因素，可能是手机响或者有信息进来，都应该尽量忽视。

每当有人走过来要和你沟通的时候，你要立刻告诉对方你是否有时间。如果没有时间，就直接告诉对方等一会儿。如果只有几分钟时间，就问问对方几分钟够不够。你不必一定要为了对方放下手头的工作，但是一旦和对方交谈起来，你就一定要尊重对方。记住，别人的时间也很宝贵，一定要全神贯注。这会让你立刻显得与众不同，因为大多数人都会以为两个人只要面对面坐着就是交流。

前几年，我有一个女上司，每次我和她沟通的时候，她都是一边听我说话一边听电话或者查看电子邮件。如果没有这个问题，她一定是个好上司，但是，每次和她沟通的时候，本来5分钟就能说完的事情，因为她的各种各样的问题，总是需要说上半个小时。千万不要成为这样的人，当你和别人沟通的时候，你一定要全神贯注！

与难缠的人打交道

在工作的时候，我们都难免会碰到一些难缠的家伙，有的时候公司会明智地请他们走人，但是这种人就像是野地里的杂草，刚走一个，立刻又来一个。和那些消极、喜欢争辩、总是倍感压力的人沟通的时候，你会觉得特别厌烦。

怎么办？可能你的第一反应是：尽可能远离这些人。能这样当然很好，但是很多时候，你根本无法远离他们。"难缠先生"可能是你的上司、你的同事，或者是一名高级执行官，每次和他们打交道的时候，你都会觉得自己面对的是一场战争。这个时候，你可以这样告诉自己：没有人能够左右你的感情，能够控制你心境的只有你自己。

在与这种人打交道的时候，你需要深呼吸，然后平静地走进他的办公室。尽快得到你需要的信息，然后出来。我们都知道，消极心理和压力是会传染的，所以一定不要让自己陷入其中。

如果，"难缠先生"并非只是针对你，那么事情还好办。你可以和那些喜欢和他打交道的同事学习经验。如果你发现他只是针对你，那事情就不太好办了。例如，曾经我碰到过一位上司，她似乎就很不喜欢我，但是，我并没有得罪她，对其他人她就是甜蜜的苹果派，但是不知道为什么，一看到我，她就会化身《白雪公主》中的巫婆。

可悲的是，在办公室中，这种情况经常可见，这里总有各种各样的性格冲突。遇到这样的情况，最好的办法是大家能够坐下来，敞开心扉谈一谈，告诉对方你的感受，如果对方并不是有意针对你，你可以问一下如何能改善这样的关系，然后尽力做到。如果不行，那就立刻离开。记住，不必为了工作牺牲自己的自尊。

还有一点要提醒你：每个人都有自己的工作方式，你不可能和所有的同事都相处和睦。即使你是世界上最容易相处的人，但是我敢说，工作中还是会有人不喜欢你。可能他不会像"难缠先生"那样表现得非常明显，但你就是可以感受到他对你的不满。例如当他走过你身边的时候没有和你打招呼，或者他跟你沟通的时候没有那么友好。如果你是一个敏感的人，这样的行为都会让你觉得受到伤害。想想看，你对他做了什么？他为什么要这样对你？如果他的行为并不会影响到你的工作，你大可不必理会，继续你的工作，把你的精力用在那些值得你相处的人身上。

如何应对批评

就如同太阳每天都会升起一样，人都会彼此批评，只要在办公室中，你就有可能听到批评。但是不同的人对待批评的方式却不同，有的人很在意别人的批评，他们会全力为自己辩解，甚至发起反攻。而有的人会认真聆听，虚心接受有建设性的批评，并最终成长起来。哈里·钱伯斯建议青年人面对批评的时候可以采用以下态度：

1. 不要认为是针对你个人的。你可以告诉自己："对方针对的不是我的人，而是我的某个行为。"

2. 客观地复述对方的批评。告诉对方："您的意思是，××的行为是让人无法接受的，是吗？"

3. 寻求建议。问对方，"我要怎么改进？"

4．学会辨别和接受。问自己："他的批评是否属实，如果属实，那么我该如何改进自己的行为？"

5．跟进。告诉对方："我在改正我的行为，您还有其他的建议吗？"

如果对方批评你是为了让你进步，那你一定要注意对方的感受，还要告诉他你的感受。如果对方的批评不合理，不妨直接告诉对方，千万不要放在自己的心里。

最后一点建议：对于那些不合理的批评，不要太在意。罗斯福曾经说过："无论别人如何批评，你都应该继续做你觉得对的事情。"记住，如果你想要做什么事情，你就一定要学会忍受别人的批评，有些人的批评你大可不必在意。

如何安抚一个愤怒的人

我的朋友简的主要工作就是每天安抚那些发脾气的客户。她告诉我，当你遇到这种情况的时候，你最好的办法就是认同对方的愤怒，认真听，不要打断对方，"让对方先发泄怒气，然后再设法去平息。"简告诉我，"千万不要为自己辩解，更不要进一步激怒对方。学会理解对方的心情，告诉对方你会立刻解决问题。"另外，简还告诫说千万不要说下面这样的话：

➡ "请冷静。"这样会让对方更加愤怒，"别告诉我要冷静！"

➡ "这不是我的错。"无论是否是你的错，一个愤怒的人最不喜欢别人推卸责任，他寻求的是你的帮助。

➡ "你太过分了。"不必说，这种说法只是火上浇油。

➡ "请不要挂断，我给您转接……。"这样会让对方更加生气，他希望你能够立刻解决问题。

"关键在于，"简说，"你要保持冷静。如果对方不希望听到你的辩解，他很快就会平静下来，一个人不会愤怒很久的。你的平静会淡化他的愤怒，然后你们就可以寻找解决的办法了。"

小 结

　　选择双赢心态。别人不关心你得到什么，他们在乎的是这样做对自己有什么好处。在谈判的时候一定要保持双赢状态，这样你会更容易争取到别人的合作，并最终得到你想要的东西。

　　学会赞扬别人。人们都希望得到认可，要多赞扬别人，但是一定要真诚，在赞扬的时候一定要具体。

　　跟对方沟通时要全神贯注。在和别人沟通时，要全神贯注，不要为其他事情分神。

　　学会应对批评。要学会客观倾听别人的批评，接受那些建设性批评，让自己成长。不要总是为自己辩解，切记，对方的批评针对的可能并不是你个人。

让全世界都看见你

They Don't Teache

Corporate

in College

CHAPTER **8** **让全世界都看见你**

哈里·钱伯斯指出，在当今这个扁平化时代，公司的中层会越来越少，所以年轻人获得提升的机会越来越少。而且"用更少资源做更多的事"这种心态也会让高级管理层越来越加重年轻人的负担，但并不会提供更多薪水和职位。

千万不要因此放弃努力，你唯一的方法就是通过提升自己得到升职的机会。如果你在年轻的时候不努力，以后的机会就会越来越小，最终你不得不听命于年龄小你很多的上司。

值得高兴的是，在你年轻的时候你仍然有机会获得提拔。作为职场新人，整个世界都在为你敞开怀抱。在这里，我将继续和你探讨如何让全世界都看见你，让你能升到更高职位。

是升职的时候了

> 每次和上司总结工作的时候，我都觉得自己是一头掉进陷阱里的小鹿。对我来说，谈论自己是一件很不舒服的事情，所以我经常能坐上一个小时不说话。上司滔滔不绝，我坐在那里，感觉自己是个傻瓜。说完之后，上司会把工作总结推到我的面前，让我签字。通常我连问都不会问就签字，但是只要一离开，我脑子里就会蹦出超过20件签字之前就该和上司说的事情，但是已经晚了。
>
> 德比 23岁 得克萨斯州

大多数人都对工作总结怀有反感，工作总结本身就是一件让人不舒服的事情。在大部分公司里，员工每年要进行一到两次工作总结，每个员工都要坐下来和上司谈谈在过去的这段时间里都做了什么，哪些地方做得比较好，哪些地方出了问题。

工作总结文件通常都比较空洞，上司给员工打分的时候很主观，因为根本没有一个客观的标准可依照。不幸的是，很多工作总结都是在真空状态中做的，而且做完之后，人们会将总结中的内容忘得一干二净。年轻人通常会觉得工作总结是一种官僚主义，觉得这纯粹是浪费时间，因此往往也不会认真对待。但是，尽管有这些问题，工作总结还是你获得提拔的唯一途径，如果你想尽快获得升迁，那你就必须认真对待这件事。

如果你不在乎你的工作总结，那么别人也不会在乎，消极应付工作总结对你没有一点好处。无论你的公司是半年总结一次还是一年总结一次，你都要提前一周做好准备。你可以将这看作是展现你对公司价值的一次最好的机会。如果你已经为自己列出了一份清晰的职业目标，你也经常和你的上司讨论这一目标，那么你的开局处理得非常好。

在做工作总结之前，找出你上一次的总结报告，弹掉上面的灰尘，想一下，这段时间里，你取得了哪些进步。用头脑风暴的形式找出具体的例子，来证明你的工作成绩，并且仔细想清楚你要如何与上司沟通，然后将你和上司沟通的内容列出来。通过这次讨论你可以让你的上司评价你的进步，制定下一个阶段的目标，找到更多的成长机会，或者你可以制订一份长远的升职计划。最后一点非常重要，虽然你并不能期待每次总结之后你都会获得提拔，但是，你至少要知道你的下一步提升的空间在哪里。

记住，一定要请上司帮你总结。这样说可能有一些可笑，但是，实际上很多经理都会直接跳过这一流程。因为经理们都很忙，在他们的眼里，下属的工作总结并不是一件多么重要的事情，因此你一定要主动请你的上司帮你总结。在和上司讨论的过程中，你一定要注意倾听他的想法，并积极参与谈话内容，不要因为上司提出了批评就以为自己不会获得加薪和升职，所以不要急于为自己辩解。虽然，大家都希望这是一次轻松的谈话，而不是严肃的讨论，但是千万不要因此偏离了你的目标。

哈里·钱伯斯认为，工作总结是了解上司对你的看法，以及你该如何获得成功的最佳时机。

上司提供了反馈之后，你不要害怕反问，签字之前一定要仔细阅读上司的评估意见。一旦完成之后，在接下来的11个月中你的上司很可能会忘记这件事，但是你一定不要让这种情况发生。主动和上司沟通你的工作进展，请他指出你存在的问题，并且在随后的工作中承担更多的职责。只要能够保持沟通，相信一下次总结的时候他对你的看法会让你大吃一惊。谁知道有什么好事在等着你呢？

申请加薪

你一定要有足够的理由，才能去申请加薪——"缺钱"一定不是好理由。上司可不在乎你是否要偿还助学贷款，是否要支付房租，或者是否有钱办婚礼。他关心的只有一件事：你是否能给公司带来价值。

和你的上司坐下来讨论你的加薪情况之前，你一定要准备一份清单，详细列出你为公司所做的贡献。一定要严格，你要问问自己，你是否学到了新技能？你的表现是否满意？是否超出了你上司的期待，值得公司付出更多资源来补偿你？

另外，你还要搜集一些宏观信息，例如公司的经济状况，公司关于加薪方面有哪些内部规定等。尤其是在现今的商业环境中，很多公司都只在每年的某一个时段才有一次加薪机会。除此之外，公司还会有自己的标准，经理们给员工的加薪也在一定的范围之内。还有一些公司，只有少数几个人有给员工加薪的权力，你的上司可能并没有这个权力。所以，在和你的上司提出加薪之前，你一定要弄清楚这些状况。

提出加薪的最佳时机是什么时候？工作总结的时候，尤其是你的上司对你做出较高的评价的时候，这个时候你的上司也在期待你提出加薪。或者当你接受了更多的任务，你被调到了新岗位的时候，也是不错的时机。

在找上司面谈的时候，一定要选择上司并不是很忙的时候，提前告诉他你准备谈什么，这样可以让他做好准备。最好选择不太正式的场合，比如午餐的时候，这样气氛就不会太紧张。在面谈之前，你要想好自己能接受的数字，想一下，如果对方不接受你的申请，你要怎么办？你可以先和家人或者朋友练习一下，以免自己显得不够自信或者过于自大。

谈话的时候你要注意什么？如果你的薪酬一直比较低，而且你也清楚这一点，一定不要耿耿于怀，这样只会让你的上司进入戒备状态。你要冷静、积极、职业化，告诉你的上司你很愿意为公司效力，用事实告诉上司你对公司的价值。在谈加薪的问题的时候，你可以用"薪酬"而不是"加薪"或"工资"这类的字眼。如果上司拒绝了你的请求，不要立刻关上你的耳朵，他可能愿意给你一些其他的补偿，比如更多的假期，更有弹性的工作时间，或者提高报销额度。或许这些没有现金来得实在，但是也很有诱惑力。

你经过了很多努力，但结果可能并不是很满意。对于年轻人来说，这样的情况并不少见，有的时候唯一的办法就是换工作。但是，如果你并不想这样做，你就要接受现状，努力几个月后再试试。除非你想立刻离职，否则就不要给你的上司下达最后通牒。你要记住，就算你已经找好了工作，也不要轻易毁坏自己好不容易建立起来的职业形象。

如果你的上司回答你很想给你加薪，但是他没有这个权力。这个时候你可以问问他是否能安排你和他一起见公司高层，不要越级直接找上层，记住，你要做什么，都要告诉你的上司。

对于双方来说，讨论加薪都是个困难的事情，如果你的上司是个老滑头，他可能会一口答应你，先把你打发了事。所以，在谈话之后，你要及时跟进，如果有可能，和上司确定一个具体的加薪日期。记住，除非工资卡上的数字有了实际的变化，否则，这件事就不算真正结束。

申请升职

　　显然，我没有选对上司。我一直很努力工作，但是高层根本没有看到我的成绩。我看到那些比我小五六岁的孩子都进入了一些显赫的项目组，但是我却一直没有机会表现自己。我决定换个策略，我喜欢打曲棍球，于是我报名参加了公司内部的比赛，并设法跟一位高层分到了一组。随后我们进行了大量的沟通，他对我的工作也有了足够的了解。后来，他的一位下属离开了公司，我问他我能否接替那个位置，他连想都没想就答应了！

迈克 29岁 新泽西州

想要升职，只靠工作总结是不够的。哈里·钱伯斯认为，一个人能否升职，影响他的因素主要有以下几点：

➜ 你自己（你的技能、个人能力，是否有积极的进取心等）。

➜ 你在团队中的曝光度，他人对你的评价。

➜ 组织内部是否有足够多的升职机会。

理想的情况是，你应该掌握好第一个因素，设法改善第二个因素，并学会评估第三个因素。

若想升迁，钱伯斯的建议是，你可以尝试以下几点：

➜ 努力工作，让大家看到你的诚意。

➜ 在成为真正的领导者之前让大家看到你的领导才能。

➜ 不要有任何包袱，不要卷入职场争斗中。

➜ 接受公司变革，一方面要学会支持公司现行政策，另一方面要随时准备接受新的机会。

➜ 学会承担更多的职责，扩展自己的职能。

➜ 支持其他人的工作，大家共同进步。

另外，我在书中提到的其他做法，例如维持良好的职业形象、设定职业目标、直面并解决问题、有效沟通、用积极的心态迎接挑战等，都有助于你获得升职。另外，还有一点非常重要：人际关系。

我谈到过人脉圈可以推动你的职业发展。如果没有找到合适的人，无论你多能干，都很难得到升职、加薪。因此，在日常的工作中，一定要学会抓住每一个跟高层接触的机会，例如经常参加公司的聚会，午餐时坐在高层附近，志愿参加一些特殊项目等。一旦遇到这样的情况，千万不要害羞，要抓住机会。

对待升职的问题，你一定不要谦虚，只要你为公司做了足够的努力，你就完全有权和上司探讨这个问题。但是，你要记住，千万不要在上司最忙的时候把他堵到走廊里，告诉他"我要升职"。在你开口之前，一定要考虑好，用具体的事实来证明你为公司做的贡献，告诉他你申请升职的理由。你们谈话的目的在于，你要让对方知道，你目前所做的一切已经超出公司当初请你来做的事情，甚至是你一个人在做两个人的工作，所以你应该有更大的权力。

你要做好妥协的准备。无论你为公司做了多么大的贡献，你的上司都可能没法立刻承诺你，所以你可以和他商量一个时间段，以及你如何做能保证自己在这个时间段内得到提升。一旦和你的上司达成共识，请记得形成书面文字。

刚开始工作的时候，你的申请可能会被上司拒绝。这其中的原因可能有很多：你的上司会直接拒绝你，这说明他已经有了合适的人选，或者你的工作表现虽然已经达到了升职的要求，但是你的上司认为你还是需要一点时间磨炼。无论如何，你都可能会失望甚至觉得受伤。但这并不意味着你的上司不喜欢你，或者你的公司不认可你的工作。在很多情况下，一个人能否升职，是办公室政治斗争的结果，并非取决于个人的能力。因此，你一定不要表现出不悦，因为高层可能正在观察你的反应。我建议你分析一下背后的原因，尽量克服自身的问题，争取一次就申请成功。

"非官方"提拔

> 去年，上司扩大了我的职能范围，但是却没有正式提拔我。我的新工作要求我经常和客户打交道，但是我的头衔并没有变化。一位客户甚至说我的头衔让他觉得困惑，于是，我鼓起勇气，在发给客户的邮件中擅自修改了签名档，并抄送给了上司。上司也明白了我的意思，后来给了我相应的头衔。
>
> 亨利 27岁 弗吉尼亚州

这种事情经常发生，即使你是整个部门中最优秀的员工，但不知是什么原因，上司还是没有提拔你。下面是可能出现的类似情况以及应对措施：

1. 你的上司给你更多的工作，每个人都知道你的工作量超出了你的级别范畴，这可能是你的上司没有权力提拔你，或者目前没有合适的岗位安排给你，也有可能是你的上司觉得你现在还不需要升职。不管怎样，我建议你都要和上司沟通一下，建议他给你升职或者加薪。如果这种方式行不通，你可以和更高一级的领导谈一下。记住，你们的谈话一定要从职业发展的角度来谈，而不是纯粹的升职，而且一定要让你的上司知道这件事。

2. 你已经熟练掌握了自己工作描述之内的所有职能。工作和学习不一样，即使你出色地完成了一项任务，也不见得能够得到一个好分数。想要得到提拔，你必须掌握所有与现在职位相关的技能，而且还要让其他人相信你能够胜任更高级别的工作。也就是说，你要在上司提拔你之前证明自己有能力。如果你不知道更高级别的岗位需要做什么，你可以向相关岗位的人请教，不要只是学习，更要积极尝试。随着你越来越自信，你的升职就是一个很自然的结果。

3. 你擅长手头的工作，暂时没有人能够接替你，年轻人总会遇到这样的事情。你想一下，如果没有人能接替你的工作，上司怎么会给你安排新任务呢？我的建议是，你先物色一个能够胜任的人，对他进行非正式培训，这样有两个好处：第一，可以向你的上司证明已经有一个合适的人可以接替你的工作了，第二，你可以证明自己是个当主管的料。

4. 在过去的几次提拔中，你都抓到了机会，现在，该把机会让给别人了。记住，每到一个新职位，都是一个新的开始，不要因为去年已经被提拔了，今年就一定能成功。哈里·钱伯斯告诉我们，每天都要努力，每天都要有新的进步。

你不见得总是正确的

在职场上有时还会有一种情况，就是你觉得自己已经可以升职了，但是你的上司却不这么认为。当然，如果一个人觉得自己应该升职时就能得到升职，那么所有人在30多岁的时候就都可以当上副总裁。你一定要记住，这个世界不是你想如何就如何，越早认识这一点，你就会越幸福。

还记得我的一位高中老师曾经说过："你不知道自己不知道什么。"年轻的时候，很多人都意识不到，自己并没有足够的能力和经验去处理那些中年人能够处理的事情，有些事情是要用时间去学习的。对待升职这个问题，你一定要有合理的期待，我曾经见过一些年轻人很早就被提拔到了超出自己能力的职位上，结果摔得头破血流。

当你结束了一天忙碌的工作后，你可以问问自己："我这么忙碌到底为了什么？"当然，所有的人都想升职，但是，就算没有立刻升职，难道你的职业生涯就此结束了吗？别忘了，你可能要工作到60岁，还有很多年呢，为什么这么着急呢？与其着急升官发财，为什么不利用这段时间好好培养一下自己的能力呢，为什么不趁着不担当大任的时候好好享受人生呢？我敢保证，一旦你成为了公司里的明星，你就会非常怀念"无官一身轻"的生活。

面对挫折的七个要旨

每个人都会遭遇挫折。或许你一直过得顺风顺水，但是，总会有那么一天，你会遭到迎头痛击。或者是你最喜欢的一个项目被取消，或者是上司拒绝了你的升职申请，又或者公司将你开除了……一瞬间，你所有的斗志都消失了，你的情绪低到谷底，甚至整日借酒浇愁。

这种反应是正常的，也是可以的。但是，它不能持续太长时间。亨德利·韦辛格指出，每个人都会遭遇挫折，但是懂得有效应对挫折的人很快就会走出情绪低谷，他们会用一种积极的方式让自己重新振作起来，迎接更加辉煌的人生。

遇到挫折的时候，最好的办法就是直面现实，承认自己的反应是错误的，并设法用积极的方式走出困境。下面，我列举一些在我的职业生涯中，我曾采用的尝试走出情绪低谷的方法。

1. 告诉自己：一个月后，这一切都变得不重要了。遇到挫折的时候，你会觉得这个阴影会跟着你一辈子。这个时候，你一定要告诉你自己，这一切都会过去的。

2. 告诉自己：一次挫折并不意味着你是一个彻底的失败者。一次挫折只是一个孤立事件，无论发生了什么，都不会影响你一辈子。不要忘了，所有的成功者都经历了很多次挫折。

3. 不要让一次的挫折影响到你的自尊。你的自尊非常珍贵，你不要因为一次挫败就将它丢弃。你的工作不会定义你的人生，你在上班之前就已经来到了这个世上，你退休之后还要继续生活。另外，你不要一直想着自己的不足，你要提醒自己，你会一直竭尽全力。

4. 启动你的支持系统。你不是一个人，很多人都和你有着相似的经历和感受。你可以联系那些关心你的人，寻求感情支持。虽然，朋友和家人都是最严厉的批评者，但是你仍旧能够从他们那里得到安慰，并听一下他们的建议。

5. 从当前处境中发现幽默。笑可以缓解压力带来的消极影响，帮助一个人恢复思考能力。科学研究证明，当一个人处于幸福的状态时，他的身体会更快地从不安的情绪中恢复过来。你可以采用多种方式，但是目的只有一个：让自己开心起来！

6. 对自己的身体好一些。各种健身和放松技巧（比如伸展、冥想、瑜伽等）都是很好的纾解压力的方式，它们能够帮助你的生活尽快回到正轨上。

7. 努力完成新项目。新目标或新项目能为你提供一个新的视角，重新激发你的热情。一旦忙碌起来，你就没有时间去想你的挫折了。

挫折并不见得是一件坏事。《探路者》的作者盖尔·希斯长期观察了那些幸福指数较高的人，结果发现：一个人越早经历挫折，他对失败的抵抗能力就越强。所以说，一个人最大的幸福莫过于尽早经历挫折。这样，随着年龄的增长，工作经验逐渐丰富，曾经那些看似无法克服的问题就会变得越来越微不足道。

"重组"的可怕

我们有了一位新的CEO，整个公司被重新洗牌，更可怕的是，他提出要将总部搬到另外一个州去。我不知道该怎么办，也不知道该去哪里，这种等待真是太折磨人了。自从听到这个消息，我就没睡好过，我总觉得自己随时会崩溃。我从小到大一直生活在科罗拉多，我对这里非常熟悉。如果要搬家，我不知道该怎么办。

布莱尔 26岁 科罗拉多州

对于工作这件事，如果没有所谓的重组，可能就不会那么有趣了。通常情况下，新上任的领导，或者现任管理层决定改变当前的做法的时候，都会来一次重组。对于你来说，这意味着什么呢？嗯，可能是一位新上司，一个新的项目，一群新同事，甚至是一个新的工作地点。不过，并不是所有的公司都会进行重组，就算重组也不见得会涉及所有的人。这一切取决于管理层的目标，可能有的部门根本不会发生任何变化。但是，有些公司可能每年都会来一次重组，无论目前公司的运营如何，管理层都坚信"流水不腐户枢不蠹"，只有改变才是生存之道。有些人还会将重组当作是一次机遇，他们希望通过重组让有才能的人多经历一些岗位，并在这个过程中发挥他们最大的潜力。

本质上人是不喜欢变化的，因此大多数员工都不喜欢重组。对于他们来说，重组会破坏他们的工作节奏，甚至是工作环境，对于年轻人来说，可能刚刚适应这个环境，却又面临重组，这无疑是让人沮丧的。但是一定要记住，重组针对的不是个人，公司是一台大型的机器，管理层在做这个决定的时候，很少考虑它对个人的影响。

对公司的每一个人来说，重组都是一件苦难的事情，但是一个人对待重组的方式却能够在很大程度上说明他的能力。通常，接到公司即将重组的消息时，你会有两种选择：第一种，立刻辞职，离开公司；第二种，留下来，为新公司创造更大的价值。

如果是第二种选择，你就会学会适应新环境，并积极支持公司的新方向。当你熟悉的环境消失了，被抛到一个陌生的环境时，你可能会对周遭的一切事物都不满，这个时候一定要牢记你的职业形象。重组，意味着你要接触很多新面孔，你要考虑自己留给他们的第一印象，高层也会在重组后观察个人是如何应对新环境的，一切都是一个新的开始。

如果你知道即将重组，但是并不了解细节，这时你要做的就是：预测变革，尽力做好准备。说服自己接受新的工作环境，并开始思考新的工作会给你带来哪些发展机遇。想一下，如果出现了非常糟糕的事情，你要怎么办？一旦将这些问题考虑清楚了，请抛开你的焦虑，开始努力工作吧。焦虑不能解决任何问题，它只会让你在这个过程中焦头烂额。

在公司的重组过程中，最关键的事情是学会从挫折中崛起。想一下，如果你在一艘即将沉没的船上，这个时候距离岸边只有几英里，你会只坐在那里发牢骚抱怨；还是会举起双手，绝望地跳入大海中？应该都不会。而是穿上救生衣，奋力游向岸边，这才是最好的办法。

小 结

工作总结的根本目的是要了解你的职业发展情况，为自己找到新的机遇，确立新的目标，并且调整自己的长期计划。虽然你不会在每次工作总结后都得到提拔，但你还是要通过工作总结明确自己今后的发展方向。

要做好一定的准备工作，再申请加薪。申请加薪之前，要列出自己为公司做出的贡献清单，一定要具体。要学会站在公司的角度想问题，然后问自己，你的公司是否应该付出更多资源来补偿你？

对于职业目标一定要切合实际。你要知道，升职意味着多责任、少自由。所以，不要只是追求升职、加薪，与其如此，不如利用眼前的机会多学习一些东西，为将来铺好路。

学会应对挫折。要提高自己应对挫折的能力，尽快摆脱挫折带来的负面影响，用积极的方式面对新的生活。

让全世界都看见你

They Don't Teache

Corporate

in College

CHAPTER **9** 成为掌控者

在这里，我将告诉你在上任的前几个月中，如何成为一名优秀的管理者，具体来说，主要有以下几个方面：如何与新下属打交道，与下属建立良好的关系，并帮助下属设定目标。然后我会教给你一些管理的技巧：如何对下属授权，如何与下属沟通，如何做业绩评估，如何鼓励团队等。如果你有机会参加任何培训，我建议你立刻报名。做领导并不是一件容易的事情，你会发现自己很容易依照以前的老习惯行动。

成为管理者的第一课

当你的下属第一天来报道的时候，你可以先坐下来和他进行一次非正式的谈话，或者可以带他出去吃个午餐，以便对他有一定的了解。

还记得我说过的第一印象吗？对方会从与你第一次的谈话中判断你是一个怎样的上司，这将成为你们今后沟通的基调。所以，你一定要在第一次见面时就告诉他你今后将如何开展工作，你对他有怎样的期待。如果这是一个刚刚进入公司的员工，你要确保他知道自己在整个公司中扮演着什么样的角色，以及他需要发挥怎样的作用。

另外，你要告诉他哪些行为是可以被接受的，告诉他你对他的期待，例如：你可以告诉他要遵守公司的时间制度。当他出现一次迟到后，你要明确告诉他，如果再出现这样的情况，后果会很糟糕。一定要确保项目截止日期是明确的，在一开始就要让对方习惯遵守规则。我认识很多这样的主管，在一开始的时候他们急于和下属搞好关系，因此对下属不满意的表现也一再忍让，最后却大发牢骚，说下属不尊重自己，或者不能有效完成工作等。

人总是会得寸进尺，这是人的天性，即使是最勤奋的员工也会不断挑战你的底线。如果你一开始表现得就很坚定，那么你接下来的工作就会顺利很多。不要担心你会成为下属眼中的坏人，请记住，你的下属希望从你那里获得直接、坦诚的反馈，若你朝令夕改则会让他们觉得你不够成熟。你的下属可能会厌烦你的某些言论，但是，只要你的出发点是好的，他们最终都会明白的。不久之前，你还处在他的位置上，你当时希望你的上司如何对待你，你现在就应该如何对待你的下属，然后就可以听凭自己的直觉了。

你手里的是一个个年轻的生命

　　我的上司是一个非常好的榜样，他非常积极，总是鼓励我。只要我努力了，他就一定会看到。我生性谨慎，对于新鲜事物，我总是很担心，怕自己搞砸了。但是，我的

> 上司一直都很支持我，甚至有时帮我收拾烂摊子。他对我的能力充满信心，也让我对自己充满了信心。
>
> 乔里 23岁 佛蒙特州

管理工作是一项挑战，你每天要扮演很多角色。你首先要是下属的战友，你们之间必须建立高度的信任，只有这样，他才会为你倾尽全力；你必须是他的领导，要掌握部门的总体目标，要时刻关注下属的职能表现；你还要成为他的导师，在不断解决问题的过程中实现个人的成长。当你成为了管理者，有了下属之后，你的关注点不能再只是自己的工作以及发展方向，你必须督促你的下属，为他的职业发展出谋划策。

在第四章中，我将"目标"定义为"对成长和成就的期待"。就如我前面所说的，若想设定一个有意义的职业目标，你必须清楚自己想做什么，为什么要做，什么时候去做，以及衡量自己成功的标准是什么。作为管理者，你要给自己的下属设定目标，因为它能够帮助你的下属：

➡ 界定他的职能范畴，清楚你对他的期待。

➡ 让他知道你会如何评价他的工作。

➡ 直接让他参与整个项目，期待他更好地与人合作。

　　记住，你帮助下属设定的目标要有一定的挑战性，让他能够全力以赴。当你的下属报到后，你要尽快给他列出目标清单。如果你刚刚当主管，在你们谈话之前你就要想清楚。可以先看看他之前的工作总结，了解一下他的技能水平，以及他对自己职业的规划，记录下你对他的目标的看法。如果你不知道怎么办，可以问你的上司或者其他高级经理。

　　当你帮助下属确定了他的短期目标之后，你可以将它制成一份非正式协议，然后和他的工作总结放在一下。在今后的工作中，你要时刻提醒他定下的职业目标。

　　例如：如果你和你的下属都认为他应该提高与其他部门的互动能力，那么你就可以建议由他安排并主持下周与IT部门的会议，帮助他制定会议日程。你们可以制定一份固定的时间表，以及具体的步骤，免得事后忘记。在日常的工作中，一旦发现下属的表现可圈可点，就要立刻提出表扬。

　　对于你自己实现的那些目标，你的下属是否已经确定要实现了？如果答案是肯定的，那么你可以帮助他学习新的技能，这样可以使他在今后的工作中更加自信。

　　心理学家亨德利·韦辛格在其著作《工作中的情商》一书中建议，管理者对于下属的管理方式应该是示范或者角色扮演。

　　什么是示范？很简单，当你在给潜在客户打电话的时候，让你的下属在旁边听着，这就是很简单的一种示范。所谓角色扮演，比如当你的下属下周要给公司的一位高级经理做报告的时候，你可以扮演高级经理的角色，先和他排练一遍，以帮助他理清思路，并针对高级经理可能提出的问题做出答案。

无论是示范还是角色扮演，当你在和你的下属沟通的时候，一定要直接，要有热情。你一定要慎重对待下属的成长，不要当成儿戏。当下属遇到难以解决的问题的时候，你一定要及时告诉他其他的办法。遇到自己也无法解决的问题时，你可以建议他请教其他经理，或者直接请教你的上司，一定不要不懂装懂。

尽力帮助下属实现他的目标。记住，你下属的表现直接影响你的业绩。你可以将一些人际沟通技巧教给你的下属，当对方做出一点成绩的时候，一定要立刻表扬，这样你的下属就会更加努力。

聪明的领导者

和我共事的那个家伙根本不懂授权，每天他忙得团团转，但是他的下属却无所事事。我知道，他不相信别人，总是担心别人的工作能力达不到他自己的要求，但是他的这种做法反而会耽误工作的进度，最终，公司里其他部门都不想和他合作了，这可是奇耻大辱，因为他的确是个很有能力的人。

特里 27岁 田纳西州

之所以公司给你委派更多的帮手，一个最主要的原因就在于你手头的工作实在很多。每天只有那么几个小时，我建议你尽可能将工作交给其他人去做。但是，很多年轻的主管就是不愿意这么做。对于这种情况，可能是以下几种原因：

➡ 作为团队中最资深的人员，认为自己更了解公司的情况。

➡ 与其他人沟通要用很长时间，还是自己做起来简单、轻松、高效。

➡ 担心别人做不好，影响自己的业绩。

➡ 自己的上司就喜欢微观管理，因此自己也希望掌控整个过程。

➡ 自己很喜欢这项工作，不想交给其他人。

以上这些原因都可能让身为主管的你不愿意授权。也正因如此，对于一个追求完美的年轻人来说，授权不是一件容易的事情。

我自己就是一个典型的例子。当我第一次当主管的时候，所有的事情我都亲力亲为，结果我的下属丹尼根本不知道该做什么。我对他缺乏足够的信任，不愿意将事情交给他去做。丹尼每天无所事事，只要坐在办公桌前对着自己的电脑发呆。时间长了，我在办公室中得到了"瓶颈"的称号，因为所有到我手头的工作都很难按时完成，最后都压在我这里了。大家对此都很不满，我的压力也很大，忙得头发都竖起来了。很快，同事们都绕开我去做事，丹尼也感觉自己很没用，士气很低落。

后来，我终于想明白了，不必一定要丹尼一直做那些"安全"的工作，比如取邮件，或者只是一件小事都反复交代。我只要将目标告诉他，然后让他自己去完成就可以了，如果需要指导或者建议，我们再沟通。没过多久，我和丹尼都得到了提拔。那一天，是我职业生涯中最开心的一天，因为我终于明白了授权的意义。我是如何做到的呢？下面我将通过具体事件来说明：

第一步：分析下属的技能、知识、意愿，然后根据分析结果选择授权内容。

➜ 例如：丹尼工作条理分明，善于同时处理多件任务。上个月他帮我完成了动漫世界的展出，效果非常好。我知道他想参加西海岸的一次展会，我认为可以让他负责组织我们在动漫论坛上的展位。我确信最早明年丹尼就能成为一名优秀的参展经理，下个月的展会对他来说是一个很好的锻炼机会。

第二步：明确说出你对下属的期待，以及该项目的要求。

➜ 例如（对丹尼）："10月份，公司将参加在加利福尼亚举行的动漫论坛，我决定让你负责组织公司的展位。你知道，上个月我们刚刚做完动漫世界的展出，有了一套完整的参展流程。但是，我希望你能够有一些新的想法，尤其是在公司的设计展示和宣传资料方面。10月4号到8号你要参加展会，所以在本月你需要抽出半个月的时间做出一份详细的计划。"

　　第三步：说明此项任务的重要性，以及你希望下属在此任务中能够学到的技能。

　　➔ 例如（对丹尼）："公司副总裁认为动漫论坛是公司每年要参加的五个重要展会之一，希望通过此次展会你能够学会如何与高级执行官合作，处理好我们与客户的关系，这对你今后的职业发展很有帮助。"

　　第四步：征求下属的意见。

　　➔ 例如（对丹尼）："你打算怎么做？你准备如何了解这次展会的营销策略，并召集所有相关人员开一次筹备会？"

　　第五步：告诉你的下属可以动用的资源，但是一定不要进行微观管理。

　　➔ 例如（对丹尼）："我建议你可以先看看上一次展会的流

程。我会把去年参加这次论坛的相关人员，以及合作经销商的名单发给你。"

第六步：确定具体的日期，请下属拟出一份行动方案。

➡ 例如（对丹尼）："这份工作有很多细节工作要做。为了让所有相关人员都了解项目的进度，你要先做出一份参展的计划，周一下午，我们一起讨论。"

第七步：定期跟踪项目进展，对他的能力给予肯定。

➡ 例如（对丹尼）："丹尼，这次的行动方案非常好。到目前为止，你干得很不错，相信营销人员都会对你留下了深刻的印象。展会开始之前，我建议我们每周碰两次，这样我就能够随时解答你的问题，你觉得如何？"

第八步：结果评估，提供一些有建设性的反馈。

➡ 例如（对丹尼）："展位布置得非常好，你做的宣传资料也非常精彩，媒体报道比去年多了至少100条。公司副总裁甚至以为你干这一行很多年了。我知道，整个过程中有很多变数，但是你处理得都很好，下次我们可以对整个参展人员开个员工会，这样大家就都能够提前安排好自己的工作。"

如果你希望你的下属喜欢与你共事，那么你就一定要学会欣赏他的工作，并给他机会，让他独自承担一个项目。你可以给予指导，但是不要事无巨细都去插手。一开始，授权是比较难的，但是你一定要记得自己的最终目标。下属有足够的自治权、决策权，他就有足够的空间去成长，你今后的工作也就会更加轻松。

应对强势的下属

你的下属可能对你分配下来的任务未必会接受，但是你不要因此就放弃了，这样只会纵容他今后也拒绝你的工作安排，长此下去，你今后就很难分配任务了。

成功的管理者不仅能够获得下属的拥护，同时还要懂得如何管理下属。假设，你是一家制药工厂的销售经理，你安排一位销售代表去外地参加一场生物科学研讨会，可能这位销售代表以工作忙为由而拒绝，但是，你之所以安排他去参加这个研讨会，是为了让他积累更多的经验，以便将来能够独立应对公司的两个重要客户。接下来，我会告诉你怎么来解决这个问题：

第一步：了解细节，明确事情的核心。

➜ 你："你说你手头的工作多，所以不想参加这次的研讨会，请你告诉我，哪些项目是下周必须完成的？你提前告诉我就行，我会安排接替的人手。还有别的原因吗？"

➜ 下属："哦，实际上，这次研讨会开得真不是时候。我男朋友刚刚出院，他离不开人照顾。"

第二步：用温暖、真诚的语调复述她的理由，让她知道你很理解她的感受。

➜ 你："你不想在你男朋友生病的时候离开他，对吗？你担心自己去参加研讨会了，没有人照顾他，对吧？"

➜ 下属："是的，不过他并不是一个人，他的妈妈就住在几个街区之外，每天都给他打电话。我只是很担心他，你明白吗？"

第三步：用事实说明这次研讨会的重要性，以及会带来的好处。

➜ 你："没错，是的。你听着，我真的很希望你参加这次的研讨会，我知道你一直都想负责生物科学领域一些比较重要的客户。我相信你已经做好了准备，但是首先你要参加这次研讨会。可惜的是，这种研讨会未来半年内都不会举行了，我不希望你耽误自己那么久。"

➡ 下属："我的确想负责一些大客户，这对我来说很重要。我想我刚才没有想清楚你为什么坚持要我去。说实话，刚刚我并不觉得这有什么重要的。我回去和男朋友的妈妈解释一下，或许她能抽出更多时间照顾他。"

第四步：确认。

➡ 你："那就说定了，我现在给你报名。我会安排助理给你订机票，让你在周五下午赶回来，这样你就能在周末陪伴你的男朋友了。"

➡ 下属："没问题，谢谢。"

在第七章，我们讨论过双赢的策略，你还记得吗？但是说实话，不是所有的工作都是这样的。有的时候有些事情就是没有人愿意做，对于这种情况，你最好直接说明，把情况告知你的下属，尽量获得支持。告诉对方，你很理解他的感受，鼓励他和你一起找到解决方案。真正的管理者最重要的特质之一就是在遇到问题的时候保持冷静。

批评——得罪人的事儿

对于我来说，当主管最难的一件事就是批评下属。不管你的语气如何温和，批评就是批评。据我所知，没有人喜欢被批评。但是，如果我不告诉我的下属他哪里做得不好、不正确，他就会以为自己所有的一切都做得很好，甚至根本不在乎去学习新技能。如果是那样的话，我就是一个非常糟糕的主管。

批评，无论是对于上司，还是对于下属，都是难以避免的。但是作为上司，你的批评要尽量具有建设性。首先要肯定对方的表现，要注意的是一定不要用"但是"作为转折。"但是"这两个字不但会抹掉你之前对他的所有肯定，而且会使你的批评大打折扣。"但是"听上去似乎没有任何伤害性，却会让听的人火冒三丈，最好的办法是将"但是"换成"还有"。

➡ 错误范例："戴夫，你的网页设计真是太绝了，但是我想让你将底纹换成深色的，这样就可以突出图片。"

➡ 正确范例："戴夫，你的网页设计真是太绝了，还有，我想让你将底纹换成深色的，这样就可以突出图片。"

区别显而易见，对吧?

当然，还有一些非常敏感的人，无论是怎样的批评都无法接受。以前，我有一位同事曾经给我提了一个很好的建议：如果你希望一个人在某方面有所改进，那么你就要对此方面给予肯定。例如：如果你希望某位同事在开会的时候能够做好笔记，你就可以将他叫到一边，告诉他你希望他能够坚持下去，一直像现在这样有条理。

你可以这么说："我不知道你是怎么做到的，但是你的会议记录真的是太清晰了。"你还可以告诉他："上个星期总经理问我那次投资者关系大会上公布的一些数据，幸好你当时都记录了下来。"我相信，当你的下属每次参加团队的会议时都会想起你的这些话，他的记录水平肯定会越来越高。毕竟，你告诉了他你喜欢他的笔记，他也不会让上司失望。

处理表现不佳的员工

何谓表现不佳? 指的是你的下属的表现没有达到你的预期。例如：他的周报告总是有很多错误，他在团队会议上的发言总是卡壳，或者他经常错过项目截止日期。

在这种情况下，批评下属是一件很微妙的事情，很多主管都不太知道如何处理这个问题。原因有很多，可能是这个主管很喜欢某位下属，他不想伤了彼此之间的和气，还可能是这个主管根本不懂得如何处理一些让他不舒服的事情。

无论是什么原因，很多经理都会觉得这是一个非常棘手的问题。有时他们会选择视而不见，睁一只眼闭一只眼。别忘了，你的下属并不知道你的心思，如果你不告诉他哪里有问题，他怎么改正呢？时间长了，要么是你，要么是整个部门为他一个人的问题买单。如果你一定要等到工作总结的时候才将这些问题摆出来，他会觉得非常委屈，因为你根本没有给他时间去改正。

对于员工的问题，一旦发现，就要及时解决，但也不是每次发现下属哪里做得不对，就立刻火冒三丈，大发雷霆。

那么，怎样做才能达到一个理想的平衡呢？当你的下属第一次犯错的时候（当然，不是那种必须立刻开除的大错），不要太在意。你要用一段时间观察，这样的错误是否是偶然性的，以及他自己是否能够及时发现并改正。如果这样的错误一再出现，那么你就应该和他坐下来谈谈了。这个时候，建议你采取以下的步骤：

第一步：给予积极的肯定，并要真诚。

➡ 例如："对于你今天早上的演示，总经理非常满意，他觉得你的演示清晰，而且自然。"

第二步：指出他有问题的表现，一定要拿出具体事例。

➤ 例如："你的即兴发挥非常好……还有，如果你能够提前多做一些准备，你就可以用更多具体事例和数据来支持你的观点。就像今天早上，你需要用一些市场研究资料和第三方观点来说明制造业的增长。还有，几个星期前，你在演示我们的产品策略时，也应该有一些具体数据来说明，尤其是我们在政府采购的业绩方面。"

第三步：有技巧地告诉对方，如果这种情况继续下去，可能会导致哪些严重的后果。

➤ 例如："我担心，如果再出现这样的情况，客户会投诉，我们就会处于一个非常尴尬的境地。虽然你的表现很沉着，但是如果对公司形象不利，可能就不会再让你为客户做演示了。"

第四步：询问下属的意见，问他如何解决这个问题。

➤ 例如："你觉得下次演示要如何提前规划呢？"

第五步：给出你的建议。

➡ 例如："我建议，在你正式演示之前，可以提前一个星期和相关人员来一次头脑风暴，并列出演示大纲，你觉得怎样？我认为这样做更能帮助你做好充分的准备。你还可以咨询一下市场研究部门，他们会给你提供更多相关数据。"

第六步：和你的下属一起制订一份行动计划。

➡ 例如："在下周二之前，如果你能给下一次的演示做出一份提纲，我们就可以一起讨论一下。然后我会多给你一些时间，这样你就能够尽可能多地搜集到相关信息。准备好之后，我们可以在会议室预演一次，如果还有需要我帮助的地方，你尽可以来找我，如何？"

第七步：支持下属的改变。

➡ 例如："谢谢你的努力。优秀的演示人员比较少，我相信你一定会成为我们最优秀演示人员中的一员。"

第八步：积极跟进，对于下属的任何进步，都要给予肯定。

➡ 例如："这次我们赢得了这么多客户，多亏了你的努力。

你的演示非常精彩，我相信客户一定被你对行业的深刻了解折服了。下次，我想让你和总经理一起向CEO进行年度汇报，你觉得怎么样？"

　　在谈到下属的工作表现问题时，关键在于表现。无论下属出了什么问题，你都一定要结合他的总体表现来评估。例如：他的工作水平一直很高，总是在规定的时间内完成任务，但是在早上的时候他总是10点才进办公室，对此我建议你不要太在意，只要你的上司没有意见，你最好还是避免和下属发生冲突。俗话说得好：既然盆没破，干吗还要修呢？

管理者的沟通策略

　　真搞不懂我的上司到底想要什么，他从来不和我直说。他有另外的办公地点，每次来公司，他都忙着开会。每年我们只有两次沟通的机会，就是在进行工作总结的时候。幸好我知道自己该做什么，只需要他给一些建议，我就能做好自己的工作。我觉得我干得挺好的，我只是希望我的上司能多和我沟通，这样我就能够明确他想要的是什么了。

安东尼 25岁 加利福尼亚州

我在第五章里详细谈到了一些沟通的技巧，并且特别强调了在沟通的时候要保持自信，一定要尊重对方，同时要敢于表达自己的想法和要求。

我还给出了三种沟通的具体方式：写作、话语、倾听。如有可能，要和下属保持良好的关系，只是在和下属沟通的时候，一定要讲究技巧。作为一名主管，你一定要和下属共享重要的信息，一旦在这方面你做得不够，就会影响下属的业绩和士气。

我在前面说过，在沟通的问题上，主管一定要和下属确定一个惯有模式。不过这实施起来并不容易，一旦忙起来，你就会忘记和下属沟通。手头的事情已经让你忙得不可开交了，你希望下属最好离你远远的。接到一个新项目的时候，你可能只是简单地和下属说了几句，然后就以为对方都明白了。接下来你们分头工作，互不接触。

一段时间后，如果你的下属总是见不到你，他就会觉得你是一个很难接触的人。每一天他都似乎是在真空中工作，也不知道自己的工作表现如何。没有上司的反馈，他会摸不着头脑，信心也不足。很快，他的职业发展就会陷入停滞状态。

不过，沟通出现问题并不一定都是主管的错。有些员工很不擅长和上司沟通，还有些下属提供的信息都是你所不需要的。为了团队整体的利益，你最好及时反馈你的意见。可以每周或半个月和他们沟通一次，了解项目的进展情况，提供必要的指点。在你和下属沟通的过程中，你可以提出一些具体的问题。

➜ 事实性问题：这类问题能够让你了解具体的信息和数据。由于这些问题比较直接，所以在提问的时候一定要有具体的理由，不要让你的下属觉得你是在质问他。

➜ 价值观问题：通过这类问题你能够了解你的下属对某个问题的看法或感受，能够让你真正了解下属内心的真实想法。

➜ 开放式问题：这类问题通常是用"what""when""how""where""why"等形式来提问的，这样的问题下属无法用"yes""no"来回答，所以他就会自由地表达自己的想法。

➜ 封闭式问题：这类问题可以用"yes"或"no"来回答。这个时候你可以提出具体的问题，将答案限定在一定的范畴之内，这样的提问可以提高讨论的效率。

最后，你要让你的下属知道，你是他坚实的后盾，你要明确告诉他你的大门永远为他敞开。如果他走进你办公室的时候碰巧你没有时间，那么你也会尽快安排时间。记住，你的下属越年轻，往往他越敏感，所以在提出批评的时候一定要谨慎。抓住每一次机会对下属进行培训，让他借鉴你的经验。要注意沟通的方式，保证下属愿意与你沟通。一旦双方建立了顺畅的沟通渠道，你们之间就会进行有效的信息交流，你的团队就会更快乐、更高效。

带好一个团队

> 　　我是一名下属的时候，我总觉得自己进入了一个奇怪的循环系统：工作的时候，我总是一直很努力，每件事情都尽可能做好，但是团队中有的人却很懒惰，一段时间之后，我的上司越来越倚重我，同时交给我更多的工作，因为他知道我会努力完成，但是对于我来说，努力工作反而成了负担。当我成为主管之后，我一直告诫自己千万不要出现同样的情况。因此我都是平均分配任务，并将那些比较好的任务分给工作努力的下属。结果大家都很开心，工作努力的人觉得自己的努力得到了上司的认可，其他的人则觉得只要努力工作，以后就能得到好的任务。
>
> 　　　　　　　　　　　　苏珊 28岁 得克萨斯州

　　作为一名主管，你要确保团队中的每一个人都明确团队目标，并激发所有成员尽全力实现这个目标。我在前面提到了如何在项目管理中进行协作，一旦成为团队的领导者，你就需要长时间地管理一支团队，团队成员也希望你能够给出指导，而不是仅仅带领大家完成某个项目。对于团队管理，著名管理专家 J. 理查德·海克曼（J. Richard Hackman）建议，一个成功的团队领导者应该学会以下几点。

→ 确保团队的稳定性（在开始合作之前，成员之间要有一定的时间相互磨合，以便更好地配合）。

→ 为团队确立一个明确的目标，同时，让成员们都有足够的自由找到最好的方法促进团队实现总体目标。

→ 经常和成员分享信息，进行必要的培训和奖励。

→ 与你的上司沟通好，为团队工作的展开创造更好的条件。

根据我的经验，要想有效管理团队，主管要做到以下几个方面：平等对待每一个员工。这一点是不言而喻的，但是实际上，很多团队的领导者都会有所偏袒，或者会和自己喜欢的成员相处较长的时间。或许，有些成员的性格或工作风格和你比较相似，所以沟通起来更加流畅，你很愿意将任务分配给他们，培训起来也更加容易。但是，员工之间难免会交流，因此还是要做到信息共享，大家集思广益来解决问题，荣誉也一起分享。

另外，不要因为团队中的某个成员非常能干，就给他很多的任务。如果发现某个成员没有竭尽全力，你要立刻警告他，不要让他混日子。如果你想奖励某个员工，给他加薪或者放假，一定要谨慎对待，以免激起团队其他成员的嫉妒心理。

切记，你的下属不是你的朋友。你可以和他们有着不错的关系，但是我建议你不要将自己过多的私人事情告诉他们，也不要经常和他们一起外出做一些非工作的事情。上司和下属之间还是要有一条清晰的"三八线"。这条线越模糊，你们之间就越难相处。例如：你的一个下属经常迟到，但你们是好朋友，所以你不想因此和他发生矛盾。若有可能，我建议你还是在公司之外找朋友。

管理年长的下属

21世纪，最大的一个特点就是不同年代的人会在一起工作，因此，当你成为主管的时候，你的下属可能会比你的年龄大。你刚上任的时候，他们可能会为难你，甚至长期与你唱反调。遇到这样的情况怎么办？我的建议是：

➔ 一定要自信，同时要尊重比你年长的下属。你要知道，公司之所以提拔你，一定是有原因的，所以你一定要自信，否则那些年长的下属就会觉得你不够成熟。另外，不要让人觉得你盛气凌人，一定要尊重对方的资历和经验，遇事多征求他们的意见和建议。

➡ 将自己的期待表达清楚。要确认年长下属的职能范畴和评估的标准，当出现分歧的时候要鼓励对方说出自己的想法。

➡ 注意倾听，给年长下属一定的自我空间。在和年长下属沟通的时候，一定要全神贯注，不要一边聊天一边发短信，要努力去理解他们的想法。你可以提出自己的建议，但是要给他们足够的自由。年长下属的经验一定比你丰富，如果你每一个步骤都要干涉，他们会觉得自己不被信任。

➡ 提供培训和指导的机会。你可以认为年长下属在任何事情上都要比年轻人经验丰富，并按照这样的假设与他们相处。遇到行业内的新技术问题时，要及时向他们请教。如果团队中有更年轻的员工，可以让他们和年长员工相互促进，年轻人负责告诉年长员工最新的科技，年长员工则帮助年轻员工迅速融入职场。

高效地主持会议

会议，是一个团队工作的重要组成部分，优秀的管理者必须学会主持团队会议。但是，很多年轻的管理者并不愿意主持会议，或者说并不懂得如何主持。

通常来说，会议能够确保将新任务传达给每一个员工，实现团队合作，激励团队成员，并且为大家提供一个提出问题、解决问题的平台。如果一个团队长时间没有召开会议，那么团队成员就会对团队中发生的事情不够了解，会觉得被孤立，在不知不觉中就会产生很多问题。但是，一定不要为了开会而开会。要想高效管理团队会议，你一定要注意以下所说的内容。

团队会议中一定要做的事：

➡ 让你的下属参与设定会议议程。

➡ 提前将会议议程发给下属，确保所有准备讨论的问题都被列出。

➡ 计划一些特殊的活动，例如在开会的时候准备午餐或者多纳圈等。

➡ 让团队成员分享各自项目的最新进度，让每一个人都参与到会议中来。

➡ 讨论的氛围要积极、开放。

➡ 鼓励团队成员表达自己想要讨论的话题，促进成员间的互助。

➡ 把握大局，冷静地帮助成员达成共识，对于出现的问题，集思广益，共同找出解决方案。

➡ 掌控好开会时间，每次会议尽量不要超过一个小时。

团队会议中一定不要做的事：

➜ 不要频繁召开会议，每周最好不要超过一次。

➜ 不要让成员打断他人的发言，也不要让成员用自己的观点来主导整个会议。

➜ 跑题时间不要过长。

最后一条建议：如果你在还很年轻的时候就成为了主管，这说明你很擅长这项工作，在这种情况下，你一定要谦虚。没有人会喜欢一个狂妄自大的主管，如果你总是坚持自己是正确的，你就会变成一个难以相处的家伙。只要你留心，每一个人都会教给你一些有用的东西。要记住爱默生的那句名言：凡我所遇到的人，都有胜过我的地方，在这方面，我应该向他们学习。

小 结

　　最初就明确你的期待。当你第一次和你的下属打交道的时候，你就应该明确告诉他你会成为一名怎样的上司。利用这次机会，将你对对方的期待告诉他。

　　让你的下属学会独立。抽出一定的时间指导你下属的工作，及时给予肯定，让他们试着独立管理项目。你的任务是提供指导和支持，而不是微观管理。

　　学会有建设性的批评。批评，不可避免，但是不要对下属发火。在提出批评之前，你要对下属的工作进行肯定，然后用"还有"引出你想说的话，切记不要用"但是"，否则你的肯定和夸赞将变得毫无意义，并显得你很虚伪。

　　学会主持会议。经常召开团队会议，征求大家的建议和反馈。带领大家进行项目进展的分享，在关键问题上提出你的建议。

让全世界都看见你

They Don't Teache

Corporate

in College

CHAPTER **10** **结束，新的开始**

当你第一份工作做了一两年之后，你通常都会考虑换一份工作。这是为什么呢？无论你在现在的岗位上表现得多么好，换份工作都可能给你带来更丰厚的待遇，帮助你获取更大的自由，你并不担心换工作会影响自己的生活，也不必担心医疗保险、孩子上学等问题，所以一有机会，你就会考虑跳槽。

另外，有时候就算你不想离开，你也可能不得不离开，对于这个问题我会详细说一下。

如果你打算跳槽，我会给你建议，并且我还会告诉你什么时候该主动辞职，以及如何体面地离职，并且给公司留下个好印象。

你要被炒鱿鱼了

那段日子，上司很多事情都绕过我，我觉得情况可能不太对。突然之间，部门里的其他人开始直接给客户打电话，我也换了新上司……这一切都让我坚信有情况发生。在过去的三年里，我对公司一直很忠诚，我不想失去这份工作，于是我找到上司，告诉他我会认真做好自己的工作，并问他我怎么做才能帮助到他，他可能没想到我会发现情况不对，因此他看上去有些吃惊。我向他表示我会更加努力，最终他留下了我。

奥林 28岁 华盛顿州

我的朋友戴维在被开除之前，他已经看出了一些征兆。新上司和他很不合拍，虽然戴维一直是一名优秀的员工，但是新上司总是批评他，一段时间之后，戴维对工作开始失去了热情。后来，在戴维的工作总结中他的新上司给了非常糟糕的评价，戴维知道，自己快要走人了。一个月之后，上司下达了通知，戴维离开了公司。

很多人都相信自己不会被解雇，这也是他们每天上班的唯一动力。或许他们也想过离职，但是没有其他可以去的地方，所以最终选择了在现有的岗位上混日子。你也是这样的吗？如果你的答案是肯定的，那么你应该想一下，你有这样的想法，说明你的工作已经出现了问题。

一个人无法常年隐藏自己的态度，所以你的上司一定对此有所察觉，并开始设法请你离开。如果你出现了下面的情况，那么你的好日子也基本到头了。

➡ 上司给了你一个很糟糕的评价，并且开始留意你的表现。

➡ 上司将一些本应该交给你的工作交给了别人去做。

➡ 你和上司相处得并不愉快。

➡ 上司不再给你新的项目。

➡ 你的上司提醒你调整一下自己的态度。

➡ 你的同事们开始忽视你的存在。

➡ 同事们不再邀请你参加一些相关的会议。

➡ 你已经无法胜任自己的工作。

➡ 你无法适应公司的一些变化。

➡ 你一直无法融入公司这个团体中。

➡ 你曾经在办公室中有一些不适宜的举动（比如说闲话，或者不听从上司的安排）。

➡ 你犯了一个不可原谅的错误（比如种族歧视、性别歧视，或者对客户爆粗口等）。

在工作中，每个人都会遇到一些问题，你或许感觉自己真的有问题，但是很快问题都会得到解决。最重要的是，你一定要意识到问题的存在。无论是同事觉得你有问题，还是你自己觉得有问题，你都可以加以挽救。例如：如果你觉得自己的某些行为不太适合，你可以立刻终止这种行为，并及时对自己惹下的麻烦加以补救。或者，如果你的上司觉得你的工作效率太低，你可以列出自己曾经做过的事情，找个机会和上司沟通一下，对于上司提出的意见，你一定要当成"圣经"，认真对待，确保你的上司能够看到你的改变。

大多数情况下，一个管理者不会无缘无故开除一个员工，所以一定不要给对方这个理由。一旦发现事情有所不对，我建议你立刻放下自尊，主动道歉，并认真征求上司的建议和指导。

应对裁员危机

如今，裁员已经不是新闻了。公司要对业绩负责，时刻关注华尔街的评价，一旦业绩不佳，管理层就会选择缩减开支，而最直接的办法就是裁员。

所以，无论你多么优秀，一旦公司觉得你的岗位可有可无，他们就可能请你立刻离开。通常来说，公司裁员并不是针对你个人，而是同时裁减很多人，所以，被裁员比被辞退要更容易被接受。如果公司有以下情况出现，说明公司可能会出现裁员的局面。

➡ 公司高级管理层出现变化，并开始寻求新的发展方向。

➡ 公司微博或者公告板上公开了一些有关裁员方面的文章。

➡ 高级执行官用很多时间开会。

➡ 新闻大量报道你所处的行业或者你的公司出现财务问题。

➡ 你的公司或者部门长期表现不佳。

➡ 公司最近重组，你的很多工作都被取消了。

➡ 你所在部门的预算大幅度削减，甚至被取消。

➡ 你的公司不再提供内部培训，对员工的成长似乎不再关心。

　　你一定要留意这些迹象，千万不要天真地以为裁员问题不会出现在自己的身上。如果你感觉自己可能会被裁员，那么你不妨先于公司采取行动。你可以根据我在第一章中提到的技巧（准备简历、启动人脉圈等），开始寻找新的职位，或者启动紧急财务方案来帮助自己度过短期的财务危机。

　　有的时候，公司可能会突然袭击，在某天的早上宣布你被裁员了，这很糟糕，但是你千万不要因此就失去信心。你未来的上司很明白，你并不是因为能力问题而失去工作的。而且如果你在被裁员之后就开始寻找新的工作，你的新上司会被你的韧劲折服，所以遭遇裁员之后，不要事隔很久才找工作，就算被裁员，你也要充满信心，高昂头颅，你要相信，前方有很多更好的机会在等着你。

明智的跳槽

　　目前，我对自己的工作不是很满意，但鉴于当前的经济形势，我也不敢辞职。其实我还是挺喜欢我现在的公司的，于是我开始和其他部门的人沟通，看看是否有其他的机会。结果，之前一起做项目的另外一个部门的主管看中了我，他在组建自己的团队，听说我的能力不错。直到所有的文件都准备好之后，我才将这件事情告诉我的上司，但是她已经阻止不了了。

赛斯　24岁　德拉维尔州

前面我就已经说过了，现在，很少有人能一份工作干一辈子，尤其是年轻人，会比较频繁地跳槽。就算你很喜欢现在的工作，也总是在寻找更好的机会。年轻人并不想通过熬年头获得机会，他们会主动去寻找，这样可以直接升职、加薪。

接下来，我将告诉你如何选择跳槽的时机，如何在公司内部实现平行调动，以及如何在公司之外，甚至是行业之外，找到更适合的机会。

需要说明的是，不要频繁跳槽。年轻的时候，当你选择了一份工作之后，你至少要干上一年。频繁跳槽的人通常会被认为是不稳定的，老板们会将这类人当作瘟疫来躲避。一旦人事经理发现你的简历上写着3年跳槽4次，他们会立刻将你的简历扔到一边。

如果你经常跳槽，而且最近又开始寻找新的机会了，你可以问问自己：到底是工作出现了问题，还是你自己出了什么问题？举个真实的例子：我以前有一个同事，名叫杰奎琳，她比我大几岁，杰奎琳先后换过很多工作，但总是不满意，最后，她发现：过去的五份工作都不同，但是有一个共同点，就是她的心态总是那么消极。她花费大量的时间去寻找更好的工作，希望自己能够变得越来越好，越来越开心，但是都以失败告终。千万不要让这样的情况发生在自己的身上。

如果你想跳槽，请先回答一下我的问题：

➡ 你为什么要跳槽？

➡ 你对自己目前的工作满意吗？

➡ 你的工作中是否有足够的挑战？如果没有，你是否希望工作中充满挑战？

➡ 你喜欢自己的工作环境和同事吗？

➡ 你觉得自己的薪酬合理吗？

➡ 上司和周围的同事尊重你吗？

➡ 你是否有足够的权限来完成自己的工作？

公司内部的调动

在同一公司待的时间越长，你能够接触到的部门就越多。还有可能，公司会安排你在内部轮岗。结识的人越多，你在公司内部找到自己喜欢的岗位的可能性就越大。很多年轻人都喜欢在公司内部寻找自己喜欢的岗位，主管们也喜欢从公司内部物色满意的人选，很多公司甚至明文规定有空缺岗位时首先要考虑公司内部的员工。

通常来说，公司内部的调动都是平行调动，并不会升高薪酬和职位，公司之所以这样做，一方面是因为它能够让员工更加稳定，提高大家的满意度，另一方面是可以降低成本。什么时候可以考虑平行调动呢？我的建议是当有以下情况出现的时候：

➤ 你希望多接触一些部门，丰富自己的工作经验，而不是急于升职。

➤ 你认为现有的岗位已经走到了尽头，需要给自己多开一扇门。

➤ 公司对你所在的部门越来越不重视，你希望能有个好职位，利于自己的长期发展。

➤ 新职位有助于你实现职业目标。

➤ 你和现在的主管或同事出现不可调和的矛盾。

➤ 你和新上司打过交道，很喜欢与他共事。

你一旦下定决心，就要立刻开始行动。但是，你一定要记住，事先要做好准备工作。如果你希望效力的那位主管亲自来找你，那很好，但是通常情况下，你需要自己去争取。你可以先看看公司是否有招聘新人的打算，一旦某个职位让你很动心，你就要立刻和相关主管联系。

在这个过程中，你要尽量和高级主管保持接触，了解他们的团队都在做什么。记住，一定不要说现任上司的坏话，或者任何不好的事情。如果对方觉得你是在逃避困难，或者纯粹是因为人际关系问题，他很可能会对你退避三舍。要记住，你申请调岗的最终目的是为了学习更多的技能，提高你的职业能力。

寻找机会是一回事，事情落实是另外一回事。需要提醒你的是，虽然你的公司支持内部调动，但并不是说你的上司也支持。无论是通过人力资源部门进行内部调动，还是直接与新主管联系，在你最终实现目标之前，你都一定要谨慎，最好不要让你的现任上司知道，如果你的上司并不希望你离开，他一旦知道你的想法，就会想方设法留住你。你要积极与人事部门沟通，完成所有的必需文件，千万不要以为你的现任上司或者未来上司会帮你处理这些事情。

另外，在最终确定调动之前，不要和你现在的任何同事沟通这个种事情，如果调动失败，你的声誉就会受到直接的影响，你会觉得自己就是个傻瓜。想一下，如果你支持的球队出战NBA，难道在比赛结束之前你就会开始庆祝？

碰到这些事，立刻离开

> 我从法学院毕业后，在一家律师事务所找了一份助理工作。上班一个月后，我发现这家事务所纯粹是一个男性俱乐部。所有的男性身高都超过一米八，女性职工很少，而且所有的事情都要将就男同事。事务所中的大牌律师不相信女性有职业追求，因此他们觉得我也一样，真是让人难以忍受。我觉得我完全可以起诉他们，但是我耗不起这个时间，我认为还是应该找一个能够欣赏自己的上司。
>
> 达西 26岁 俄亥俄州

理性的情况是，你热爱自己的工作，在遇到更好的机会的时候，你会选择离开。但是很多时候事情并不如想象中那么美好，当你遇到一些自己无法控制的因素的时候，你可能会不顾后果地选择离开。

我的建议是，无论你遇到怎样的困难，在你找到更好的选择之前，你要坚持下去，你要知道，寻找一份新工作是需要时间的。但是，如果你现在的工作对你的身心造成了巨大的伤害，那么你不要犹豫，什么都不要想，立刻离开。毕竟，在这个世界上最重要的就是你的健康。当你遇到以下情况时，请立刻选择辞职。

1. 你遭到了情绪虐待。你的上司或者你的某个同事是否总是很粗鲁，是否总是当众给你难堪，是否经常将你叫到办公室里，毫无理由地羞辱你一番？情绪虐待的伤害性丝毫不亚于身体虐待，如果你觉得自己的自尊在被人践踏，请不要犹豫，立刻离开。

2. 你受到了性骚扰。是否有位同事总是以让你不舒服的方式接近你？是否总是给你发骚扰图片或信息？是否暗示或者直接告诉你，只要你让他性满足，他就会答应你的某些要求？如果是这样的，要立刻离职。

3. 你被要求放弃自己的原则。你的上司是否要求你欺骗、撒谎或者偷窃？你分配到的任务是否要求你放弃自己的原则？记住，无论出于何种原因，都不要去做会让自己良心遭到谴责的事情。

4. 你的工作环境不安全。你的公司位于一个危险的地方吗？你很害怕独自一人走进办公室吗？你的工作环境会对你的健康造成威胁吗？如果答案是肯定的，无论多少薪水，我都建议你离职。

当你递交辞职报告的时候，我建议你最好去人力资源部门走一趟。尤其是当你遇到性骚扰的情况，或许人力资源部门会帮你解决，而你也不必去失去这份工作。

但是你要知道，人力资源部门的任务是维护公司的利益，所以千万不要将它当成"知心姐姐"。即使情况已经到了非常糟糕的境地，你也要积极寻求解决的方案，不要向人力资源部门透露任何可能对你造成影响的信息。

切忌过河拆桥

几年前，我在一家食品服务公司就职。当时我的主要职责是负责公司HR部门的工作，后来，因为和上司的意见存在分歧，我选择了离职。我上班的最后一天，去和上司告别，并给她带了一份小礼物，我对她说没想到事情会到这个地步，并衷心祝她一切顺利。万万没有想到的是，当我进入新公司之后，我的第一位客户就是这位前上司。鉴于我离职时的表现，她和我成为了很好的朋友。

韦奥雷特 29岁 密歇根州

当你找到新工作之后，你会觉得松了一口气，终于自由了！你可能会急切地想告诉整个世界你是多么幸运，甚至想冲进上司的办公室，告诉他把这些讨人厌的工作交给其他的倒霉蛋吧，你再也不会看他的脸色行事了。

记住，千万不要冲动，除非你根本不在乎自己维持、经营了好久的职业形象，否则你就一定要谨慎对待离职时的做法。

首先是辞职，你一定要确保与新公司签订了协议之后再辞职。否则一旦事情出现变化，你的处境将会变得非常尴尬，而你的上司也会因为你的行为觉得受到了侮辱而请你离开。

在你离开之前，我建议你应该这样做：

➜ 告诉你的上司。一定要确保你的上司最初得到的消息是来自于你，而不是从其他人那里听说的。

➜ 至少提前半个月告知你的上司。这半个月中，你要保证正常的工作状态，除非公司要求你提前离开。

➜ 要保持谦虚。不要和你的同事吹嘘新工作有多么好，这样只会引起大家的反感。

➜ 不要侮辱任何人、任何事。无论真假，在你离开的时候都要表现得很难过。

➜ 坚持到最后一分钟。要记住，直到最后一天下午下班的时刻，你都要如平常那样努力工作。

➜ 继续遵守公司的规章制度。你一直在努力经营自己的职业形象，一定要确保坚持到最后一刻。

➜ 管理好你的文件。要让其他同事很容易找到相关资料，这样的工作交接才是合格的，也免得以后公司要求你回来处理问题。

➜ 认真培训接替你工作的人。你现在的公司已经付给了你一年多的薪水，你要确保接替者能够胜任这份工作。

➜ **不要带走公司的任何东西，包括办公用品以及其他相关产品。**

最重要的是，离职之后，一定不要过河拆桥，凡事都要给自己留一条退路。这个世界很小，你并不知道什么时候会再次遇到他们。或许，你根本没法适应新工作，不得不回到这个公司。

你也可以这样告诉自己：这里的每一个同事，可能都会成为你的客户，在公司的最后几天里，你要设法为自己留下一个好名声。在收尾或者交接项目的时候，你一定要将事情做完。即使你是因为上司的原因被迫离开，你也要做个好员工，控制好自己的情绪。如果你的同事请你聚餐，或者为你办欢送派对，那么恭喜你，说明你的人际交往还是很成功的。

和职场说再见

我在一家管理咨询公司工作了2年，我真的不喜欢这份工作。我对哲学一直很有兴趣，我的父亲说他可以供我读研究生。我一直都想接受他的资助，这样我就能够暂时离开职场几年。但是我并不知道我拿个哲学学位有什么用，毕竟现在的教授已经很多了，但是多接受一些教育总是没有错的。

伊凡 24岁 伊利诺伊州

如果，你辞掉了现有的工作，又不想再重新找一份工作，那么，你该怎么办呢？你可以有以下几种选择：读研究生、创业，或者休息一阵。在过去的几年中，一直有人咨询该如何选择，接下来，我将谈谈自己的想法。

回到象牙塔。

最近听到这样一件事，一个二十几岁的MBA一直没有找到工作。每次管理者们看到她的MBA学历的时候，都认为她要找一份管理职位，但是，她的简历上并没有体现出相关的经验。难道仅仅因为MBA的学位就请她来做经理？大多数老板都不敢冒这个险。

每年，我都会收到很多来信，很多人都会和我说他们遇到了相似的问题。他们花了几十万美元，甚至背负重债去读MBA，结果并没有比之前更容易找到工作。唯一的区别就在于现在他们有很多债务，急需一份工作。

我的建议是，一定要慎重对待继续深造。很多人选择读研究生，是因为他们不知道怎么办。事实上，当他们做出决定之前，应该进行一次成本收益分析，看一下读研究生或者MBA给自己带来的收入增加值是否值得自己付出这么多。而且，选择继续深造的前提是，一定要清楚自己是否喜欢继续深造的领域。我听说很多拿了MBA、PHD的人并没有从事相关的工作，读律师的成了广告导演，学医的成了健美教练，学营销的成了记者等。

　　记住，切不可因为逃避现实转而钻进书堆中。首先你要明晰的是，拿到一个更高的学历对你的职业生涯有什么意义，然后你可以制订一份计划，以帮助自己获得更多必要的知识，并在将来的工作中发挥它们的作用。

　　有时候，有人会问我为什么不去读MBA，其实答案很简单：现在，我是在为自己工作，所以不会有公司愿意花十几万美元去资助我读个MBA。如果一定要自己支付这个费用，那我要确保当我拿到学位的时候能将这笔投资赚回来。可是，对于我目前的工作来说，MBA学位并不能让我的收入有所提高……

真的要转行？

　　在本书第一版和第二版之间，我出版了一本名叫《如何得高分：如何找到梦寐以求的工作？》（*How'd You Score That Gig: A Guide to the Coolest Careers and How to Get Them*）的书。为了写这本书，我进行了大量的资料搜集，先后采访了超过100个认为自己找到了梦想中的工作的人。这些人包括活动策划师、服装设计师、旅行记者、室内装饰师、网站老板、法医等，其中大多数人都在年轻的时候换了行业。

事实上，如果想换行业，趁着年轻最适合。因为这个时候你毕业没多久，学习能力和灵活性都很强，而且也没有家庭负担，没有过多的经济压力。

总体来说，这些转行成功的人有一个共同的特征，就是坚持。似乎梦想中的工作遥不可及，但是只要坚持下去，再加上充分的准备，你就完全可以取得成功。你可以遵循以下步骤：

1. 确认自己的内心。我在第一章里谈到了给自己定位，你可以问问自己，到底想做什么，什么事情是不给你钱你也愿意去做的。仔细研究适合你的技能和兴趣的职业和岗位。

2. 不要因为自己没有经验就放弃。当你在准备简历和其他资料的时候，认真思考一下自己的哪些技能可以转移到新的工作上去。在第四章的时候我们谈到了多种可转移的技能，例如项目管理、信息技术、销售技巧、客户关系等，这些技能是所有工作岗位都需要的。

3. 每天做一件让你接近自己目标的事情，例如给自己认识的人发一封邮件，或者参加一次行业活动。你可以一边工作，一边在自己的目标行业中做兼职，或者在空闲时间中参加补习班或成人教育。要想知道自己是否对某个行业真正有兴趣，唯一的办法就是去亲身尝试，当然，最好将风险降到最低。

4. 确立合理的期待。就算你足够幸运，找到了自己梦想中的工作，但是你的工作环境也并不见得很好。任何事情都是双面的，"梦想的工作"不见得就是"舒服的工作"。正如老话所说：天下没有免费的午餐，任何事情都需要付出一定的代价。

自己当老板怎么样？

据美国小企业统计数据显示，整个美国大约有2600万个小企业。调查表明，72%的美国人希望创业；84%的美国人相信如果自己能开公司，他们的工作热情会更高。

所以，你曾经也有过创业的想法，这并不奇怪。但是，你知道如何才能创业成功吗？首先，创业者要具备一定的性格特质：牺牲精神、服务精神、领导能力，还要具有一定的商业智慧、创造性，要有管理能力和组织能力，并且要乐观自信、天生喜欢竞争，有销售的潜质。

不得不承认，不是所有的人都具有创业能力。因此，在决定创业之前，你一定要想清楚，除了想明白自己想做什么，还要知道自己能做什么。比如，几年前我一直相信自己完全可以做个独立公关顾问，我尝试了一段时间，业务也不错，似乎事情也没有我想象中的那么难。但是，没过多久，我就开始怀念团队的工作氛围，怀念大家并肩作战的乐趣，而且我很不喜欢处理一些琐碎的事情，比如税务、财务，以及准备项目的进度表等，但是，那时我刚创业，事情都要自己去处理。所以，你一定要知道，创业并不全是光彩的一面，还有非常痛苦的一面。

总之，无论你是选择在公司继续发展，还是跳槽，或者换个行业，甚至是自己创业，在人生的未来几年中，你将经历这一生中最精彩的一段时间。我真心希望，本书对你有所助益，让全世界领略到你的风采！

小 结

　　尽量少换工作。不要频繁地换工作，你的每份工作至少要坚持一年，频繁换工作的人会被用人单位当作瘟疫来躲避。

　　掌握好工作的过渡。无论是公司内部调动，还是换新的公司，都一定要谨慎。保持自己的工作状态，不要公开谈论自己寻求新职位的事情，要像平时一样。

　　确保离职时是优雅的。离开公司的时候，千万不要过河拆桥。这个世界不是你想象中的那么大，或许用不了多久你就会和以前的同事相逢，因此在工作的最后一段时间中，一定要努力给大家留个好印象。

　　慎重对待自己的选择。如果你一直很努力工作，现在想跳槽了，一定要做好规划。做出改变之前，你要想清楚，自己是跳槽，还是想继续深造，还是创业。

图书在版编目(CIP)数据

让全世界都看见你/(美)列维特著；付文博译.—武汉：武汉大学出版社，2016.5（2022.3重印）

ISBN 978-7-307-17434-4

Ⅰ.让… Ⅱ.①列… ②付… Ⅲ.成功心理—通俗读物 Ⅳ.B848.4-49

中国版本图书馆CIP数据核字（2015）第309893号

They Don't Teach Corporate in College, Third Edition © 2014 Alexandra Levit. Original English language edition published by The Career Press, Inc., 12 Parish Drive, Wayne, NJ 07470, USA. All rights reserved. The Chinese edition is published by arrangement with CA-LINK INTERNATIONAL LLC, 803 Sutherland Drive, Woodbury, MN 55129, USA. Copyright © Wuhan University Press 2016

本书原版书名为They Don't Teach Corporate in College（第三版），作者Alexandra Levit，由The Career Press, Inc.公司2014年出版。 版权所有，盗印必究。 本书中文版由CA-LINK INTERNATIONAL LLC版权代理公司授权武汉大学出版社2016年出版

责任编辑：袁侠 刘汝怡 责任校对：叶青梧 版式设计：刘珍珍

出版发行：**武汉大学出版社** （430072 武昌 珞珈山）

（电子邮件：cbs22@whu.edu.cn 网址：www.wdp.com.cn）

印刷：北京一鑫印务有限责任公司

开本：880×1230 1/32 印张：8.75 字数：280千字

版次：2016年5月第1版 2022年3月第4次印刷

ISBN 978-7-307-17434-4 定价：45.00元